科普总动员

人类保护地球,地球造福人类。让我们一起来欣赏缤纷多彩的地球家园吧!

编著：张志伟

缤纷多彩的
地球家园

山西出版传媒集团
山西经济出版社

图书在版编目（CIP）数据

缤纷多彩的地球家园 / 张志伟编著. — 太原：山西经济出版社，2017.1

ISBN 978-7-5577-0124-6

Ⅰ.①缤… Ⅱ.①张… Ⅲ.①地球—青少年读物 Ⅳ.①P183-49

中国版本图书馆CIP数据核字（2017）第006277号

缤纷多彩的地球家园
BINFEN DUOCAI DE DIQIU JIAYUAN

编　　著：张志伟
出版策划：吕应征
责任编辑：吴　迪
装帧设计：蔚蓝风行

出　版　者：山西出版传媒集团·山西经济出版社
社　　　址：太原市建设南路 21 号
邮　　　编：030012
电　　　话：0351-4922133（发行中心）
　　　　　　0351-4922085（总编室）
E-mail：scb@sxjjcb.com（市场部）
　　　　　zbs@sxjjcb.com（总编室）
网　　　址：www.sxjjcb.com

经 销 者：山西出版传媒集团·山西经济出版社
承 印 者：北京荣华世纪印刷有限公司

开　　本：787mm×1092mm　　1/16
印　　张：10
字　　数：150 千字
版　　次：2017 年 1 月　第 1 版
印　　次：2017 年 1 月　第 1 次印刷
书　　号：ISBN 978-7-5577-0124-6
定　　价：29.80 元

前言 ■缤纷多彩的地球家园

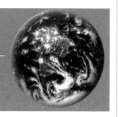

辽阔无垠的山川大地,苍茫无际的宇宙星空,人类生活在一个充满神奇变化的大千世界中。异彩纷呈的自然科学现象,古往今来曾引发无数人的惊诧和探索,它们不仅是科学家研究的课题,更是青少年渴望了解的知识。通过了解这些知识,可开阔视野,激发探索自然科学的兴趣。

本书介绍了地球的相关知识。分"深度认识地球""发现地球之美""猜想地球未来"3个篇章,通过对地球的形成、演化、构成,有关地球的重大发现以及未来地球猜想的详细描述,配以百余幅精美插图,为青少年读者打开一扇深度认识和了解地球的窗口,使其对地球有进一步认识,从而掌握自然地理景观的相关知识。全书图文并茂、通俗易懂,并以简洁、鲜明、风趣的标题引发青少年的阅读兴趣。

假如你有机会从太空俯瞰地球,映入眼帘的将是一个晶莹的球体,上面蓝色、白色和绿色的纹痕相互交错,周围裹着一层薄薄的水蓝色"纱衣",这就是地球——人类的母亲,生命的摇篮,上百万种生物赖以生存的家园,是目前人类所知的宇宙中唯一存在生命的天体。

地球诞生于46亿年前,初生的地球地壳薄弱,内部温度很高,火山频繁活动,没有生命迹象,直到35亿年前才形成了具有新陈代谢和自我繁殖能力的原始生命体。在漫长的地质年代中,地球经历了太古代、元古代、古生代、中生代和新生代五个时期,生物圈随之发生了翻天覆地的变化。而生物圈改变了大气层和其他环境,使需要氧气的生物及人类得以诞生,也使臭氧层形成。臭氧层与地球的磁场一起阻挡了来自宇宙的有害射线,又反过来保护了人类及其他生物的生存繁衍。

在漫长的历史演化进程中,地球除了孕育生命,地壳的不断运动还使连绵不断的大陆山脉以及纵横交错的河流湖泊逐渐形成,七大洲四大洋就是在这漫长的地质年代里诞生的,还如世界屋脊青藏高原、大地伤疤东非大裂谷、水下奇迹贝加尔湖、河流之父密西西比河等这些自然奇迹,它们以其神奇和瑰丽多姿的景观吸引着无数人们，成为人们进行科考、探险、旅行的胜地。

同地球的古老历史相比，人类出现的岁月是短暂的，自然界的土地、水、矿物、空气、森林和草地等，都在人类出现之前就存在于地球上。人类出现之后，这些资源为人类的生存繁衍提供物质基础。人类深谙最大化地利用地球资源，特别是近百年来，随着工业化、科学技术的迅猛发展，人类想要涉足的疆域也随之扩张，上天、入地、下海……构筑这些梦想的同时，也希望更深一步探索地球的未知部分。本书对未来地球资源的利用以及有关地球的未来猜想做出了科学分析、预测，可让读者大开眼界。不过，无论未来人类如何发展，地球永远是我们的母亲，是她造就了人类，我们每个人都应该爱护、疼惜她。

目录 ■缤纷多彩的地球家园

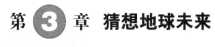

第 **3** 章 猜想地球未来

缤纷多彩的地球家园

▼▼
目 录

深度认识地球

第 1 章

□缤纷多彩的地球家园

地球的演变

科普档案 ●名称：地质年代 ●划分：太古代、元古代、古生代、中生代、新生代

地质学家经过多种方法测定，确定地球的年龄至少有46亿岁。科学家根据化石及岩石中的放射性元素来计算，把地球历史演变划分为五个年代，即太古代、元古代、古生代、中生代和新生代。

地质学家经过多种方法测定，确定地球的年龄至少有46亿岁。那么长的历史，如何划分呢？自从陆上出现生物以来，古代生物的遗体——化石，就成了我们认识地球的最好标志。科学家根据化石及岩石中的放射性元素来计算，把地球历史演变划分为五个年代，即太古代、元古代、古生代、中生代和新生代。每"代"还可进一步划分为若干"纪"，如古生代从远到近再划分为寒武纪、奥陶纪、志留纪、泥盆纪、石炭纪和二叠纪；中生代划分为三叠纪、侏罗纪和白垩纪；新生代划分为第三纪和第四纪。这就是地球历史时期的最粗略划分，我们称为"地质年代"。

地球正式成为太阳系的成员之后，大约又经过22亿年，便进入地质时期——太古代。这段距今46~38亿年的地质时期可被认为是地球的幼年时代。太古代时期的地壳很薄，也没有现在这样坚固复杂。由于地球内部放射性物质衰变反应较为强烈，地壳深处的融熔岩浆不时从地壳深处，沿断裂涌出，形成岩浆岩和火山喷发。当时到处可见火山喷发的壮观景象。在太古代晚期，形成了稳定基底地块——"陆核"。陆核出现，标志着地球有了真正的地壳。太古代地球表面虽然已经形成了岩石圈、水圈和大气圈，但那时的地壳表面大部分被海水覆盖。由于大量火山喷发，放出大量的二氧化碳，同时又没有植物进行光合作用，海水和大气中含有大量的二氧化碳，而缺少氧气。

□地球的演变

　　地球发展距今 26~6 亿年称为元古代。这段经历了 20 亿年的悠久历史，这漫长的时期，地球上许多事物从无到有，就像是一个人的少年时代，长成了初步的轮廓。这时，太古代形成的陆核进一步扩大，稳定性增强，形成规模较大的原地台，后又经过几次地壳运动，原地台发展为古地台。这时海洋中已经出现了种类繁多的藻类，由于这些布满海洋的藻类植物的光合作用，吸收大量二氧化碳放出氧气，因此这时海洋和大气中有较多的游氧存在，同时二氧化碳也相对减少，为生物发展准备了物质条件。

　　古生代是距今 6~2.3 亿年，经历 3.7 亿年的历史。这相比太古代和元古代，时间不算很长，但从地球的发展来看，却是一个重要的时期，这犹如人生的青年时代。发生在早古生代，特别是志留纪末期的地壳运动，称为加里东运动。这次运动后，不但大地构造性质发生变化，而且隆起上升，由海洋成为陆地，所以加里东运动后，世界陆地面积便不断扩大了。但到了晚古生代，有些地区又开始下沉，成为地台浅海，因此世界总的形势仍然是南升北降，南方为大致连在一起的冈瓦纳古陆，北方除加拿大与欧洲连起来以外，其余地区仍为地槽海与地台浅海所分割。但是到了晚古生代后期，由于海西运动，北方古陆联合为一体，称为劳亚古陆。这时，陆地面积不断扩大，陆地上森林繁茂，尤其是沼泽地带，更适合一些进化不很完全的植物生长，再加上石炭纪、二叠纪气候湿润，因此植物大量繁衍，那时的北半球呈现出绿树成荫、森林繁茂的景观。又因地壳运动频繁，海陆多变，陆地长好的植物，常为海水覆盖，不久又上升为陆地，继续衍生森林。这种环境，恰为成煤创造了良好条件，因此，石炭纪、二叠纪是北半球最主要的成煤时期。

地球发展到距今 2.3~0.7 亿年，称为中生代。这段时期出现全球性的海退，基本构成现时地貌轮廓。由于地理、气候环境发生较大变化，生物要适应新的环境，于是又出现新的飞跃。古生代末，新露头角的裸子植物，到中生代大量繁衍，表明植物也完全征服了大陆。动物发展到中生代已是爬行动物时代了，标志着动物完全征服了大陆。始祖鸟，一种介于爬行动物与鸟类之间的动物，表明动物向空中发展。以上说明地球发展进入中生代，一切都已"成熟壮大"，犹如人生的壮年时代。

新生代是地壳发展最近的一个时期，相当于人类历史的近代史。大约7000万年地壳发展时期，从时间来看虽然是最近和最短的，但从整个地壳演化来说，却是内容丰富而又极其重要的时期。中生代地壳重新活跃，新生代继承发展了地注特征，故称地球的回春期。这时的地壳发展主要由活动趋向稳定，大地构造轮廓和古地貌逐步接近现代状况。新生代时期，不仅植物的发展非常迅速，而且各种食草、食肉的哺乳动物也空前繁盛。自然界生物的大发展，最终导致了人类的出现。

知识链接

地 层

地层好比一部内容丰富的大自然史册，它对研究生命的起源和演化，寻找石油、天然气、煤等化石能源及矿产资源有着广泛的应用，对控制生态平衡和保护人类的地球家园，也起着越来越重要的借鉴和指导作用。

地球形状的变化

科普档案 ●观点：地球是球体　●提出者：亚里士多德　●提出时间：公元前 350 年

地球是人类的摇篮。自古以来，人类就在不断地探索自己生存的这个世界，力图说明它的形状。从人造地球卫星拍摄的地球照片来看，它是一个标准的圆球。

地球是人类的摇篮。自古以来，人类就在不断地探索自己生存的这个世界，力图说明它的形状。

在漫长的人类社会历史中，因受科学技术水平的限制，人们只能站在地球上观察地球。在没有仪器设备辅助的情况下，人的视野是非常有限的。即使站在毫无障碍的原野上，眼力所能达到的范围，也只是周围地平线以内的一块圆形地盘，其半径最大也不过 4.6 千米左右。对于庞大的地球表面来说，这几十平方千米的地盘，实在是太微不足道了。在人类活动能力和活动范围都很小的古代，凭借知觉器官对世界的非常浅薄的认识和主观臆想，人们对地球的形状做出了各种各样的解释。

在我国古代，对地球形状的解释主要有两种：一种是盖天说，即"天圆地方"，认为"天似穹庐，笼罩四野"，"天圆如张盖，地方如棋局"。另一种是浑天说。我国东汉时期的科学家张衡的浑天说认为，天地如卵，天包着地就像卵壳包着卵黄一样。他对地球形状的解释，比起"天圆地方"的说法已大大前进了一步。古代其他国家也有对地球形状的种种解释。古印度人认为地球是一个隆起的圆盾，这个圆盾由三只站在龟背上的大

□张　衡

象驮着，而这只巨大的龟又被一条在一望无际的海洋中游动的巨蛇支撑着。古代的俄罗斯人则认为，大地是由三条鲸鱼驮着的盘子，而这三条鲸鱼也在海洋上浮游。

公元前350年，古希腊伟大的科学家亚里士多德系统地总结了航海家的经验，第一次较完整地提出了地球形状的理论：大地实际上是一个球体，一部分为陆地，另一部分为海洋。地球外面由空气包围着。他的主要论据有：人们在南北不同地点观察北极星的高度是不同的；沿南北方向旅行时，会看到前方地平线有一些新的星星升起，而在后方地平线附近，原先能看到的一些星星，则会渐渐消失在地平线以下，这说明洋面并不是平的，而是弯曲的；月食一定是地球的阴影掠过这个卫星的表面时引起的，既然这个阴影是圆的，那么大地本身就应该是圆的。尽管亚里士多德的天地观有着充足的道理，但当时并没有获得很多人的支持。一个重要的原因是：当时人们没有搞清引力。他们认为，如果亚里士多德说得对，那么住在地球另一端的人，怎么能脚朝下走路呢？那里的水不会流向天空吗？

正当人们对地球的认识逐步深化、日趋佳境之时，欧洲进入了漫长而黑暗的中世纪，科学受到了最野蛮的摧残。那时，谁要是再说一句大地是球形的，就立即被斥为异教，甚至有杀头的危险。荒唐的教会借助宗教的"权威"，硬把大地又拉回到"平地"，甚至天地也重新毗连起来。直到1000多年以后的15世纪，反动教堂中仍然用地球对面人头向下的画片来嘲笑大地为球形的学说。但科学真理毕竟是不可战胜的，15世纪之后，人们对地球的认识又开始向纵深发展。1519年，葡萄牙航海家麦哲伦率领的5艘海船，从西班牙出发，依次经过了大西洋、太平洋、印度洋，用3年时间完成了第一次环绕地球航行，回到了西班牙。用实践证明了地球是一个球体，不管是从西往东，还是从东往西，毫无疑问，都可以环绕我们这个星球一周回到原地。从此，人们便一致把我们所在的世界称为"地球"。

那么，地球的形状究竟是不是一个正圆形球体呢？随着科学技术的发展，在17世纪末，人们对地球是正圆球的主张开始有了怀疑。1668年，牛顿发现了万有引力定律，他以极其丰富的想象力，认为行星由于其自身的旋

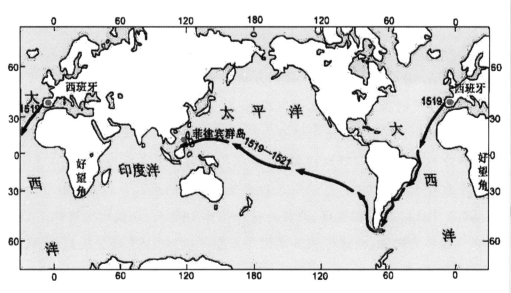

□麦哲伦航海示意图

转,应当两极扁平而赤道突出。1672年,法国科学院派李希尔到达赤道附近去观测火星冲日。当时他随身带了一只很准确的摆钟,到达开罗之后,他发觉摆钟每天总是慢两分钟,他不得不缩短摆长,来校正摆钟的快慢。当李希尔回到巴黎后,摆钟又变得快起来,必须重新放长摆的长度,这是什么缘故呢?牛顿受到李希尔摆钟的启示,他由此思考到,摆钟变慢的原因是重力加速度变小的缘故,一则是由于赤道附近的离心加速度大;二则是由于赤道部分凸出而造成引力变小。因此,牛顿认为,地球不是正圆球体,而是一个扁椭圆球体。但是,当时法国天文台台长被世代袭任的卡西尼家族所把持。他们祖孙四代,一贯坚持地球的极轴长于赤道外直径,像一只竖立的鸡蛋,和牛顿力学原理唱对台戏。1718年卡亚尼的儿子雅克公布了他去法国境内测量子午线一度弧长的结果,企图证明地球的形状是尖长的。但是牛顿等科学家认为测点距离太短不足以说明问题,因此仍然坚持自己的意见。双方各执己见,争论不休。究竟谁是谁非呢?

1837年,法国科学院为了解决地球形状的争论问题,派出了两个远征测量队,一个去南美秘鲁,另一个去北欧极地拉卜兰德。经过九年的实测,测量结果是拉卜兰德地区的子午圈弧度比秘鲁的约长1.5千米,事实证明牛顿力学的推算是正确的。测量队员克雷勒忠于科学,实事求是,公布了测量成果，并计算出地球扁率为 1:297.2。这样一来，迫使卡西尼的第四代重孙多米尼科不得不再度进行十年的复测，在事实面前推翻了祖先的成见。

20 世纪 50 年代以后，科学技术发展非常迅速，为大地测量开辟了多种途径。高精度的微波测距，激光测距，特别是人造卫星上天，再加上电子计算机的运用和国际合作，使人们可以精确地测量地球的大小和形状。通过实测和分析，终于得到确切的数据：地球的平均赤道半径为 6738.14 千米，极半径为 6356.76 千米，赤道周长和子午线方向的周长分别为 40075 千米和 39941 千米。测量还发现，北极地区约高出 18.9 米，南极地区则低下 24~30 米。这样看起来，地球形状其实像一只梨子：它的赤道部分鼓起，是它的"梨身"；北极有点放尖，像个"梨蒂"；南极有点凹进去，像个"梨脐"，整个地球像个梨形的旋转体，因此人们称它为"梨形地球"。确切地说，地球是个三轴椭球体。其实，地球的不规则部分对地球来说是微不足道的。从人造地球卫星拍摄的地球照片来看，它更像是一个标准的圆球。

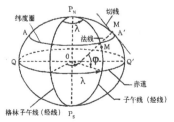

📖 知识链接

子午圈

地平坐标系或赤道坐标系中的大圆，即在地平坐标系中经过北天极的地平经圈，或在赤道坐标系中经过天顶的赤经圈。它是地平坐标系和第一赤道坐标系中的主圈。子午圈是天球上经过北天极、天顶、南点、南天极、天底和北点的，并与天球相交的大圆。天体运动经过子午圈称为中天。

炙热的地核

科普档案 ●地理概念：地核 ●构成：外地核、过渡层、内地核 ●特质：主要由铁、镍组成，高密度、高温

人们要了解地下较深处的秘密，只能通过间接的地球物理手段，对地球加以"透视"，即用地磁、地电、地热、地震波等研究方法，特别是用人工地震波在地球内部传播的记录，以揭示地心世界之谜。

随着科学技术的进步，人们已经初步揭示了从微小的原子世界到遥远的宇宙星空的奥秘。可是，人类对自己居住的这颗星球的内部情况却了解得很少。1918年，世界最深钻孔为2251米；1930年大约为3040米。从1970年5月起，苏联地质学家在北冰洋之滨的科拉半岛上进行钻探，迄今为止已钻进地底下12千米的深处。但即便是这个深度，同几千千米的地球平均半径比起来也实在是太微小了，充其量不过是碰破地球一点皮而已，根本无法让人们了解地球内部。目前，人们要了解地下较深处的秘密，只能通过间接的地球物理手段，对地球加以"透视"，即用地磁、地电、地热、地震波等研究方法，间接探察地球。特别是用人工地震波在地球内部传播的记录，以揭示地心世界之谜。

1910年，地震学家莫霍洛维奇发现地震波在传到地下50千米处有折射现象发生。他认为这个发生折射的地带，就是地壳和下面物质的分界

地幔
外地核
内地核
地壳

□地球内部构造

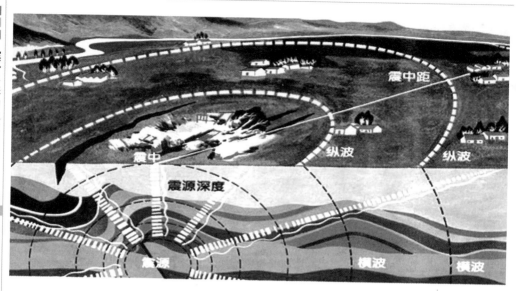

□地震波

面。1914年美国地震学家古登堡发现地下2900多千米深处存在另一个不同物质的分界面。以后,人们为了纪念他们,分别将其命名为"莫霍面"和"古登堡面"。用这两个面,把地球内部划分为地壳、地幔和地核三个圈层。

地壳是由各种岩石组成的地球最上面的一层,平均厚度17千米,大陆部分平均厚度33千米。地幔是地壳和地核之间的中间层,主要成分是铁、镁硅酸盐类,呈固态。当压力降到某种程度就会液化,形成流动的岩浆,当它喷出地表时,便是火山爆发。

在法国著名科幻作家凡尔纳的著作《地心游记》中,探险者们在试图穿越一座危险重重的火山时,遭到了大批恐龙的疯狂袭击。事实上,这样的情况是不可能发生的。根据地震波的变化情况,科学家们已经测出地核与地幔之间边界的温度大约为3677℃,并估计地核内部温度可能高达4982℃,几乎与太阳表面一样热。在这样的环境中,不可能有生物生存。此外,科学家还发现地核也有外核、内核之别。内、外核的分界面,大约在5155千米处。因地震波的横波不能穿过外核,所以一般推测外核是由铁、镍、硅等物质构成的熔融态或近于液态的物质组成。液态外核会缓慢流动,故有人推测地球磁场的形成可能与它有关。由于纵波在内核存在,所以内核可能是固态的。关于内核的物质构成,学术界有不少争议,许多人认为,主要是由铁和镍组成。但究竟是何物,这一切都还有待于进一步探索、证明。此外,内外核也不是截然分开的。有的学者认为,在内外核之间,还存在一个不大不小的"过渡层",深度在地下 4980~5120 千米之间。

地核的密度很大,压力可达 300 万~370 万个大气压。即使是最坚硬的金刚石,在这里也会被压成黄油那样软。地核的质量占整个地球质量的 31.5%,体积占整个地球体积的 16.2%。地核体积与月球相比,其空间能装下 8 个月球,或一个火星。

📖 知识链接

地和内部蕴含黄金

澳大利亚科学家伯纳德·福特撰文指出,在地核中储存有非常丰富的黄金。根据他提供的研究数据,地核中黄金的总储量足以在地球表面包裹一层半米厚的金制外壳。伯纳德·福特是在对一块与地球同时形成的陨石进行分析后得出的。

科学家在对一块偶然找到的小行星碎块进行分析后发现,它们之中重金属(主要是铁、镍、铂和金)的比重均比较大,而这种情况正好与构成行星的原始物质的组成是一致的。

伯纳德·福特由此得出结论,那些"缺失"的黄金和铂很可能都沉积到了地球内部。他认为,地核中集中了地球上至少99%的黄金储量。不过,这一假说还难以得到验证。

斑斓大地

科普档案 ●**观点:**土地呈现棕色　　　●**原因:**大量微生物残留物及碳元素的累积所致

从太空上看下来，人类居住的地球一定是蓝色和绿色的。但是，如果你靠近地面，所能见到的土地可能只呈现棕色。科学家发现，大地的棕色其实来自于绿色植物。

从太空上看下来，人类居住的地球一定是蓝色和绿色的。但是，如果你靠近地面，所能见到的土地可能只呈现棕色。那么，这种棕色是从哪里来的呢？科学家发现，大地的棕色其实来自于绿色植物。

科学家指出，植物枯萎和死亡后，叶子和枝干就会凋谢，继而将它们长期以来为生存而储存的碳元素带给了土壤。土壤中的微生物利用特殊的酶将凋谢的植物分解，并将这些"食物""切"成适合自己"进食"的大小。饥饿的微生物加工了土壤中大量的碳，甚至将一些元素结合到自身细胞中。由于过于"忙碌"，微生物不可能完成所有的分解加工，有些碳没有被微生物吃掉，微生物死后，碳元素又进入土壤。这形成一个循环，总有碳元素留下来，于是，大量微生物残留物经过数千年的累积，便给了土地现在的这种棕色。

当然，世界上还有很多地方的土地不是棕色的。美国新墨西哥州的路索罗盆地，白沙浩瀚，其沙砾是沙石膏

□ 靠近地面看见土地呈棕色

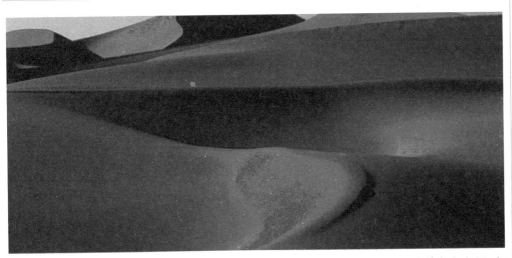

□澳大利亚的辛普森沙漠呈红色

晶体的微粒。1亿年前,由于地壳运动,石膏质海岸隆起为山,雨水挟带溶解了的石膏流入山谷盆地中的路索罗湖。后来气候日益干燥,湖水蒸发,湖岸的石膏晶体被风化成细沙,随风铺满整个盆地,成了这片白色沙漠。连沙漠里的一些动物,如囊鼠、蜥蜴等为适应环境,身躯都成了白色。澳大利亚的辛普森沙漠呈红色,天地间火红一片,奇丽无比。其成因是砂石上裹有一层氧化铁,这是铁质矿物长期风化浸染大漠所致。苏联中亚细亚土库曼境内,黑海和阿姆河之间,有一片名叫卡拉库姆的黑色沙漠。整个大漠呈棕黑色,如置身其间,仿佛坠入黑暗世界,令人不寒而栗。这片沙漠是当地黑色岩层风化而成。位于美国科罗拉多河大峡谷东岸的亚利桑那沙漠,由于火山熔岩形成的沙砾中含有矿物质,使整个沙漠呈现出粉红、金黄、紫红、蓝、白、紫诸色。在阳光照射下,由于反射和折射的作用,半空似乎飘荡着不同色彩的烟雾,令人眼花缭乱。峭壁秃丘在中午呈蓝色,傍晚是紫水晶色。岩峰常为蓝色,故有蓝峰之称。沙漠东部遍布彩色圆丘,沙丘间屹立着数以千计的色如玛瑙、坚如岩石的彩色石柱,长的超过30米,最粗的达三四米。亚利桑那沙漠以它美妙无比的色彩成为世界罕见的景观。

挖开棕色的地皮,往往也能发现不同色彩的土壤。为什么土壤会呈现不同的颜色呢? 这是由各地不同的自然条件所决定的。

青土和白土是由于岩石本身仅含有单一颜色或相同色彩的矿物,因此风化后形成白土和青土。热带和亚热带地区多红土，是因为那里的气候高温多雨，地表风化和成土作用十分活跃，土壤遭雨水的分解和淋溶，使土壤中的二氧化硅等物质流失，而流动性很小的氧化铁和氧化铝则在土层中富集起来。氧化铁呈现红色，因此土壤也成为红色。这种土质细而黏重，养分不高且具有酸性，所以只适宜种植茶、油菜、柑橘、毛竹、油桐等亚热带经济作物。

在我国北方，地处温带，气候温和而较干燥，地面的蒸发量大于降水量，风化作用较弱，土壤处于弱淋溶状态。一些易溶性物质如氯、硫、钠、钾等大多被雨冲掉，而留下了硅、铁、铝等矿物成分。钙与植物分解产生的碳酸结合成碳酸钙，在土壤中形成碳酸钙聚积层，分别呈现栗色或棕色，故称林钙土和棕钙土。这种土壤较肥沃，适宜苹果、梨、杏等水果的生长。在未经人类开发前，这些地方的草原植物，每年给土壤提供了大量的有机物质。有机物质经腐蚀积累，于是就形成了肥沃的黑钙土。

知识链接

大　地

大地是人类的命根，是全世界人民最基本的物质基础。但水土流失已经成为全球重大环境问题之一，并呈日益恶化的趋势。对于人类来说，大地很坚强但又很脆弱，我们应该一起去保护多姿多彩的大地"生命线"，因为只有让它永葆青春，人类才能健康发展，我们的生活才会更上一层楼。

大陆与大洲

科普档案 ●地理概念:大陆 ●划分:亚欧大陆、非洲大陆陆、澳大利亚大、北美大陆、南美大陆、南极大陆

打开世界地图可以看到，地球上的陆地，一块块地散布在世界的海洋上。这些陆地，大块的叫大陆，小块的叫岛屿。大陆和它附近的岛屿合起来叫作大洲。全世界共有六块大陆，七个大洲。

打开世界地图可以看到，地球上的陆地，一块块地散布在世界的海洋上。这些陆地，大块的叫大陆，小块的叫岛屿。全世界共有六块大陆，它们是东半球的亚欧大陆、非洲大陆、澳大利亚大陆，西半球的北美大陆和南美大陆，以及地球最南端的南极大陆。亚欧大陆是世界上面积最大的大

□岛屿

陆,澳大利亚大陆是面积最小的大陆。比澳大利亚大陆面积小的陆地,就叫作岛屿了。地球上大陆和岛屿的面积加起来约 14900 万平方千米,相当于 15 个中国。

大陆和它附近的岛屿合起来叫作大洲。亚欧大陆虽然是一个整块的陆地,却又分为亚洲和欧洲两个大洲。这样,世界上的大陆是六个,而大洲却是七个,即亚洲、欧洲、北美洲、南美洲、大洋洲、南极洲、非洲。

大陆和大洲的主要区别在于,大陆一般指整个大陆板块本身,大洲习惯上把大陆附近的各个岛屿都囊括其中;此外,大陆都有天然界限,如澳大利亚大陆和南极大陆完全被大洋包围,亚欧大陆和非洲大陆之间,南、北美洲大陆之间,过去虽然有非常狭窄的地峡相连,但自从苏伊士运河和巴拿马运河开通之后,连这种细小的联系也被切断,可视同于四面环水了。

为什么既有"大陆"又有"洲"呢?这主要是因为大陆是地质学和自然地理学上的概念,单纯从地质构造和自然地理因素出发,不考虑任何社会因素。洲的划分则受人类发展历史的影响。最明显的是亚欧大陆,原本是一个巨大陆块,而且从地质构造和平面形态上看,欧洲好比是这块巨陆的一个半岛。但从古希腊甚至更早的时代起,人们就把这块大陆区分为二,各有名称。当时也许是因为古人地理知识的局限所导致,后来由于习惯沿革的关系,加之两边的社会经济、历史文化等很多方面差异显著,人们就仍然沿袭这样的划分。又如大洋洲,它的众多岛屿与澳大利亚大陆相距甚远,地质构造上也很难说有什么联系,但为方便起见,同时考虑到大洋洲居民彼此间的历史关系,还是把它们划作了一个大洲单元。

不仅如此,像南、北美大陆除了南、北美洲的区分以外,还有另外一种划分方式,那就是把北美洲的南半部,即墨西哥和有时被人们称为"中美洲"的那一部分,连同西印度群岛和南美洲并为一个大洲,即拉丁美洲。拉丁美洲这个名称的来由与这一地区流行的语言有关。在 15 世纪末,这个地区的绝大部分国家先后沦为西班牙和葡萄牙的殖民地,大批移民蜂拥而入。19 世纪以后,这些国家才陆续获得独立。由于殖民统治长达 300 年之久,因此它们

□群岛风光

深受西班牙和葡萄牙的社会制度、风俗习惯、宗教习惯、宗教信仰和文化传统的影响，而且当地的印第安语逐渐被属于拉丁语系的西班牙语的葡萄牙语所取代。因此，人们自然而然地把它们视为一个统一的地理单元，并广泛使用"拉丁美洲"这一概念。

📚 知识链接

大洲的划分

　　大洲的划分是历史上人们逐步认识世界的过程中渐渐形成的，它是山川相隔的人类对不甚了解的另一个世界的概括。地质学家预测，地球大陆板块的运动是周期性运动，每5亿至7亿年将重新合并。届时，六块大陆将重新联合成为"超级大陆"，而七大洲的称谓也必将随之改变。

七大洲名称的含义

科普档案 ●地理概念：大洲　　●划分：亚洲、非洲、北美洲、南美洲、南极洲、欧洲和大洋洲

世界上有七大洲，分别是亚洲、非洲、北美洲、南美洲、南极洲、欧洲和大洋洲，七大洲的名称是怎么来的呢？其实，古人在很早以前就为这七大洲取下了现在的名字。

世界上有七大洲，分别是亚洲、非洲、北美洲、南美洲、南极洲、欧洲和大洋洲，七大洲的名称是怎么来的呢？其实，古人在很早以前就为这七大洲取了现在的名字。

亚洲的全称是亚细亚洲，意思是"太阳升起的地方"。其英文名为 Asia。相传亚细亚的名称是由古代腓尼基人所起。腓尼基人是历史上一个古老的民族，自称为闪米特人，又称闪族人，生活在今天地中海东岸，相当于今天的黎巴嫩和叙利亚沿海一带。公元前 10 世纪至公元前 8 世纪，他们曾经建立过一个高度文明的古代国家。腓尼基人是古代世界最著名的航海家和商人，他们驾驶着狭长的船只踏遍地中海的每一个角落，地中海沿岸的每个港口都能见到腓尼基商人的踪影。频繁的海上活动，要求腓尼基人必须确定方位。所以，他们把爱琴海以东的地区泛称为"Asu"，即"日出地"；而把爱琴海以西的地方则泛称为"Ereb"，即"日没地"。Asia 一词是由腓尼基语 Asu 演化来的，当时其所指的地域不是很明确，范围也很有限。

非洲是阿非利加州的简称，阿非利加一词来自希腊语，是"阳光炽热"的意思。传说"阿非利加"是居住在北非的柏柏尔人崇信的一位女神的名字，该女神是位守护神。早在公元前 1 世纪，柏柏尔人曾在一座庙里发现了这位女神的塑像，她是个身披象皮的年轻女子。此后，人们便以女神的名字"阿非利加"作为非洲大陆的名称。古罗马帝国后来在这里建立了阿非利加

省。那时,这个名称只限于非洲大陆的北部地区。到了公元2世纪,罗马帝国在非洲的疆域扩大到从直布罗陀海峡到埃及的整个东北部的广大地区,人们把居住在这里的罗马人或本地人统统叫阿非利干,即阿非利加人。

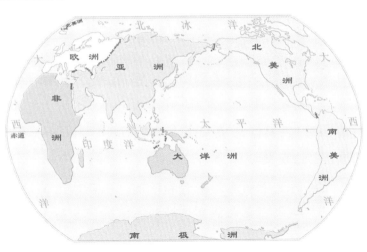

□ 七大洲的位置

北美洲和南美洲合称美洲。美洲的命名,普遍的说法是为纪念意大利的一位名叫亚美利哥的著名航海家。1499年,亚美利哥随同葡萄牙船队从海上驶往印度,他们沿着哥伦布所走过的航路向前航行,克服重重困难终于到达美洲大陆。亚美利哥对南美洲东北部沿岸做了详细考察,并编制了最新地图。1507年,他的《海上旅行故事集》一书问世,引起了全世界的轰动。在这本书中作者引人入胜地叙述了"发现"新大陆的经过,并对大陆进行了绘声绘色的描述和渲染。于是,法国几位学者便以亚美利哥的名字为新大陆命名,以表彰他对人类认识世界所做的杰出贡献。在他们编制的地图上也加上了新大陆——亚美利哥洲。后来,依照其他大洲的名称构词形式,"亚美利哥"又改成"亚美利加"。起初,这一名字仅指南美洲,到1541年,北美洲也算美洲的一部分了。

南极洲英文名源于希腊语"相反"加上"北极",意为北极的对面。南极洲原来曾被认为是像北冰洋一样的冰海,科学家很迟才发现南极洲是大陆,所以称其"第七大陆"。它位于地球最南端,土地几乎都在南极圈内,四周濒临太平洋、印度洋和大西洋。

欧洲的全称是欧罗巴洲。"欧罗巴"一词最初来自闪米特语的"伊利布",意思是"日落的地方"或"西方的土地"。希腊神话中,欧罗巴是腓尼基的公主。"万神之王"宙斯看中了欧罗巴，想娶她做妻子，但又怕她不同意。一天，欧罗巴在一群姑娘的陪伴下在大海边游玩。宙斯见到后，连忙变成一匹雄健、温顺的公牛，来到欧罗巴面前，欧罗巴看到这匹可爱的公牛伏在自己身边，便跨上牛背。宙斯一看欧罗巴中计，马上起立前行，躲开了人群，然后腾空而起，接着又跳入海中破浪前进，带欧罗巴来到远方的一块陆地共同生活。这块陆地以后也就以这位美丽的公主的名字命名，叫作欧罗巴了。

大洋洲这个洲名的概念和范围，比地球上其他几个大陆要复杂一些。大洋洲在一些国家和地区又被称为澳洲，是澳大利亚洲的简称。"澳大利亚"一词来源于西班牙文，意思是"南方大陆"。人们在南半球发现这块大陆时，以为这是一块一直通到南极洲的陆地，便取名"澳大利亚"。后来才知道，澳大利亚和南极洲之间还隔着辽阔的海洋。大洋洲的名称最早出现于1812年前后，是由一位丹麦地理学家命名的。

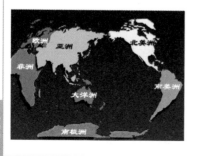

🔖 **知识链接**

世界七大洲

在世界七大洲中，亚洲和欧洲是连为一体的，大部分位于北半球。非洲位于欧洲的南方，赤道横贯全洲的中部。北美洲和南美洲都位于西半球，赤道通过南美洲北部。南极洲位于地球最南端，绝大部分处在南极圈内。

七大洲之冠

科普档案 ●**名称:**亚洲 ●**面积:**4400万平方千米 ●**气候:**大陆性气候、季风性气候

　　地球上大陆和它附近的岛屿合称为洲。全球共有七大洲。其中，亚洲的面积约4400万平方千米，占世界陆地总面积的29.4%，比四个欧洲还要大，是七大洲中的"冠军"。

　　亚洲位于东半球的东北部，只有东北角的一小部分在西半球。它北临北冰洋，东接太平洋，南濒印度洋。大西洋虽然不是亚洲的近邻，但是它通过地中海和黑海都和亚洲西部相接。亚洲的西北部和欧洲连成一片，通称亚欧大陆，一般以乌拉尔山、乌拉尔河、高加索山和土耳其海峡为两洲分界；西南部和非洲相邻，交界线就是红海和苏伊士运河；东南部的马来群岛隔帝汶海和拉弗拉海与大洋洲相望。北美洲虽说在浩瀚的太平洋彼岸，但是，它的西北角和亚洲的东北角几乎相遇，中间只隔着一个最窄处仅86千米的白令海峡。

　　亚洲地形的第一个特点是地形复杂多样，地势起伏很大。有平均海拔在4000米以上的青藏高原，号称"世界屋脊"；有世界最高大的山脉喜马拉雅山脉和海拔8844.43米的世界第一高峰珠穆朗玛峰；有湖

□珠穆朗玛峰

□火山

面低于地中海海面 392 米的死海低地;有菲律宾群岛外侧深达 10497 米的菲律宾海沟;有高峻的山地和宽广的高原,也有肥沃的平原和巨大的盆地;千差万别、复杂多样,高峰与深海沟之间,竟相差近两万米。亚洲地形的第二个特点是以山地和高原为主,高原和山地约占全洲总面积的四分之三。亚洲大陆的平均海拔高度约 950 米,除了被厚层冰雪覆盖的南极洲以外,它是世界上地势最高的一个洲。

在亚洲大陆东面和南面广阔的海洋上,分布着许多岛屿,它们犹如一条彩色的缎带,环绕着亚洲大陆。人们形象地把它们叫作花彩列岛。因为这些岛屿联结起来好像一条弧形的锁链,所以又叫它岛弧。花彩列岛地形多以山地为主。这些山脉海拔大多在 1000 米以上,也有一些超过 3000 米的高峰,我国台湾岛上的玉山就高达 3950 米。其实,千岛群岛、琉球群岛和其他许多小岛,都是海底山脉露出海面的一些山顶。花彩列岛的活火山特别多,常常发生火山爆发,同时也多强烈地震。世界上 80%~90% 的地震,发生在环绕太平洋的岛屿和沿海地区,而占全球四分之三以上的活火山都分布在环太平洋的岛弧上,构成了世界上有名的火山地震带。世界上的火山、地震为什么这样集中地分布在这些地区呢？原来，地球表面的地壳并不像鸡蛋壳一样完整无缝，而是由许多板块组成的。这些板块浮在地幔层上，像春天开冻时湖面上随波漂流的冰块似的，可以缓慢地移动。在板块与板块交界的地方，地壳运动特别强烈，岩层可能出现断裂和错动，也就容易形成火山和地震。花彩列岛正处于太平洋板块和亚欧板块交界的地方，火山地震自然也就多了。

亚洲是世界上大河最多的大洲。长度在 1000 千米以上的河流，就有 60 条。其中超过 4000 千米的大河也有 7 条，它们是长江、黄河、澜沧江（下游叫湄公河）、黑龙江、勒拿河、叶尼塞河和鄂毕河。长江和黄河还分别为世界第三、第五长河。

📖 知识链接

亚 洲

亚洲有 48 个国家和地区，总人口 35.13 亿，约占世界总人口的 60.5%，以中国人口最多，人口在 1 亿以上的还有印度、印度尼西亚、日本、孟加拉国和巴基斯坦。黄种人约占全亚洲人口的 3／5 以上，其次是白种人，黑种人很少。亚洲各国中，除日本为发达国家外，其余均是发展中国家。

矮小的欧洲

科普档案 ●**名称**:欧洲 ●**面积**:1016万平方千米 ●**气候**:温带海洋性气候分布面积最广

欧洲大陆与亚洲大陆同为一"陆"。公元4世纪初,人们以乌拉尔山为界线,人为地将其分开,乌拉尔山以东的地区称为亚细亚洲,以西的地区则称欧罗巴洲。欧洲是一个矮小的半岛大陆。

欧洲是一个矮小的半岛大陆。其"矮"表现在平均海拔只有340米,是各大洲中最低的。高度在200米以下的平原约占全洲总面积的60%,比例之高为世界各洲之冠。欧洲的"小"表现在面积小,其面积为1016万平方米,仅占亚欧大陆的1/5,在世界七大洲排第六位。

欧洲总面积的1/3以上属于半岛和岛屿,其中半岛面积又占全洲面积的27%,这在世界各大洲中是罕见的。斯堪的纳维亚半岛、伊比利亚半岛、巴尔干半岛和亚平宁半岛是欧洲最大的半岛,其次有科拉半岛、日德兰半岛、克里木半岛和布列塔尼半岛等。众多的半岛和岛屿把欧洲大陆边缘的海洋分割成许多边缘海、内海和海湾。巴伦支海、挪威海、北海和比斯开湾

□波罗的海

□阿尔卑斯山

是欧洲较大的边缘海,白海、波罗的海、地中海和黑海等则深入大陆内部,成为内海或陆间海。

欧洲的冰川地形分布较广,高山峻岭会集南部。其中,阿尔卑斯山脉是欧洲最高大的山脉,平均海拔在 3000 米左右。这是非洲板块与欧洲板块碰撞后的一个"杰作",其主峰勃朗峰海拔 4810 米,有"欧洲屋脊"之称。峰顶冰川密布,风光旖旎动人,为阿尔卑斯山最大的旅游胜地。地中海及沿岸区是两大板块的接触区,这里形成了南欧火山、地震的分布带。著名的维苏威火山、埃特纳火山,就分布在此带的意大利境内。1755 年葡萄牙里斯本发生的一次大地震,6 分钟就将里斯本故城摧毁。

平原和丘陵主要分布在欧洲东部和中部,主要有东欧平原(又称俄罗斯平原,面积约占全洲的一半)、波德平原(也叫中欧平原)和西欧平原。里海北部沿岸低地在海平面以下 28 米,为全洲最低点。

欧洲是一个多小湖群的大陆,湖泊多为冰川作用形成,如芬兰素有"千湖之国"的称号,全境大小湖泊有 6 万个以上,内陆水域面积占全国总面积的 9% 之多。

□美丽的多瑙河

欧洲面积虽小,但国家数量却很多,因此长度不太大的河流也往往一河贯流多国,成为"国际河流",如多瑙河、莱茵河、奥德河等。

欧洲的气候受北大西洋暖流和西风带影响很大,加上全洲地理纬度较高,为世界上温带海洋性气候分布面积最广的大洲。这里冬季不算太冷,夏季又不太热,这种气候特色,实为其他洲罕见。据人种学家研究,欧洲人种皮肤发白,与该洲气候的温凉长期"熏陶",也是有着很大关系的。

欧洲有不少国家是世界上最早进入资本主义社会行列的国家。大部分国家目前已成为发达国家,发展中国家数量不多。在今日世界经济领域中,欧洲的经济发展水平是比较高的,经济总产值居各大洲首位。

📖知识链接

欧 洲

欧洲有 45 个国家和地区,现有人口约 7 亿,占世界总人口的 15%。欧洲平均每平方千米约有 70 人,是世界上人口最密集的洲。欧洲居民中 99%属白种人,但欧洲无单一民族的国家,每个国家都有几个或几十个、上百个不同民族,如苏联有 190 多个民族和部族,是世界上民族成分最复杂的国家之一。

高原大陆非洲

科普档案 ●名称：非洲 ●面积：3028万平方千米 ●气候：热带气候为主

> 非洲位于东半球的西南部，总面积仅次于亚洲，居世界第二位。由于非洲主体大陆地形主要是由较平坦、平均海拔为750米的高原组成，故非洲又称"高原大陆"。

非洲位于东半球的西南部，东濒红海、印度洋，西临大西洋，北隔地中海与欧洲相望，仅东北部以苏伊士地峡同亚洲相连。总面积约3028万平方千米，占地球陆地面积的20.7%，仅次于亚洲，居世界第二位。由于非洲主体大陆地形主要是由较平坦、平均海拔为750米的高原组成，故非洲又称"高原大陆"。

非洲和亚洲原是一个整体，以狭窄的苏伊士地峡相连。苏伊士运河开凿以后，两大洲被分割开了，苏伊士运河和它东南方的红海就成了非洲与

□苏伊士运河

□美丽的刚果河

亚洲的分界线。非洲大陆的地势是从东南向西北倾斜的。大陆的东南部地势较高,大部分在海拔 1000 米以上,人们把它称为"高非洲";西北部地势较低,叫作"低非洲"。

"高非洲"地区分布着三个大高原,从北向南依次是埃塞俄比亚高原、东非高原和南非高原。埃塞俄比亚高原平均高度在 1500 米以上,号称"非洲屋脊"。它是一个由火山喷出物堆积而成的熔岩高原。东非高原是一个湖光山色交相辉映的美丽高原。非洲最高的山峰乞力马扎罗山就坐落在东非高原上。东非高原还是非洲湖泊最集中的地区,这里有非洲最大的湖泊维多利亚湖和其他大大小小的湖泊,因而也称它为"湖群高原"。南非高原是非洲最大的高原,地势比前两个高原低,只在边缘部分有较高的山地。高原东南边缘的德拉肯斯堡山脉绵延 1000 多千米,山脉东南坡的悬崖峭壁俯视着辽阔的印度洋。

"低非洲"主要由刚果盆地和北非台地两部分组成。刚果盆地位于非洲的中部,是一个直径约 1000 千米的圆形盆地。盆地四周被 1000 米以上的高原山地所包围,盆地底部是海拔 300 米到 500 米之间的丘陵和平原。刚果盆地的北面是辽阔的北非台地。这个台地平均海拔约 300 米,而且相当平坦。世界上最大的沙漠——撒哈拉沙漠,就分布在台地的北部。但在"低非洲"的西北部地中海沿岸,却分布着好几列大致平行的山脉。这一系列平行山脉的总名叫阿特拉斯山脉。阿特拉斯山脉南北两侧的景色大不相同，南面是荒凉的大沙漠，北面是历史上闻名的地中海沿岸的"粮仓"。

非洲有 4/5 的面积在南北回归线之间，一年内有两次太阳直射的机会，故绝大部分地区属热带，其余全为亚热带。全洲有 95% 的面积为热带和亚热带气候区；2/3 的地区终年炎热，其余 1/3 的地区为夏季炎热，冬季暖热。炎热面积之广，居各洲之首。非洲气候不仅炎热的面积广，而且炎热的程度之深也为各洲之冠。有 1/4 的面积年平均最高气温在 30℃ 以上。非洲气温不仅高，而且热的时间也长，全洲大部分地区年平均气温在 21℃ 以上的时间可长达 9 个月。所以非洲是一个名副其实的热带大陆。

非洲水力资源的蕴藏量占世界总藏量的 20% 以上，刚果河是世界上水力资源最丰富的河流之一。尼罗河、尼日尔河、赞比西河等，急流瀑布也很多，赞比西河上的莫西奥图尼亚瀑布闻名世界。生物资源种类繁多，有檀木、花梨木等珍贵木材，热带草原中有波巴布树。非洲又是咖啡、枣椰、油棕和香蕉的故乡。特有的珍奇动物在热带森林中有大猩猩、河马、非洲象，热带草原中有斑马、长颈鹿，热带沙漠中有骆驼、鸵鸟等。另外，非洲还拥有丰富的土地资源和海洋资源等，为本洲经济发展提供了有利条件。

非洲是人类最早的起源地之一，在漫长的历史时期中，曾走过了同世界其他地区大致相同的道路，为人类的发展做出了巨大贡献。特别是尼罗河下游，是世界上古文明发祥地之一。

📖 知识链接

非 洲

非洲目前有 56 个国家和地区，总人口 7.48 亿，占世界人口总数的 12.9%，仅次于亚洲，居世界第二位。非洲主要居民为黑种人，其余为欧罗巴人种和蒙古人种。由于长期的殖民统治，非洲是世界上经济发展水平最低的洲。目前，各国均属发展中国家。

万岛世界大洋洲

科普档案 ●**地理名称**:大洋洲　　●**面积**:897万平方千米　　●**气候**:海洋性气候为主

大洋洲意思是"大洋中的陆地"。广义的大洋洲除太平洋三大岛群外,还包括澳大利亚、新西兰和新几内亚岛,共约1万多个岛屿,因而被称为"万岛世界"。

大洋洲的意思是"大洋中的陆地"。大洋洲的范围有狭义和广义两种说法,狭义仅指太平洋三大岛群,即波利尼西亚、密克罗尼西亚和美拉尼西亚三大岛群。广义的除三大岛群外,还包括澳大利亚、新西兰和新几内亚岛,共约1万多个岛屿,因而被称为"万岛世界"。大洋洲陆地总面积仅有约897万平方千米,只占世界陆地总面积的6%,是世界上面积最小的一个洲。

大洋洲中的澳大利亚大陆是一块地质年龄很古老的大陆。远在地球历史最早的太古代时期,它已有陆核生成,并由于岩浆分异作用,形成了许多有价值的金属矿床。由于南回归线横贯澳大利亚中部,使大陆气候呈现出又干又热的特点。热带、亚热带沙漠和半沙漠面积,占大陆的35%。地面河湖也显得稀少。澳大利亚距其他大陆非常遥远,故在动植物中,有许多"土生土长"的特有种类。光有袋目的动物,就有150种。此外,被誉为"珊瑚王国"的澳大利亚的东北海域,有一个珊瑚礁群——大堡礁,长达2000千米,为世界上最大的珊瑚礁群。

□世界上最大的珊瑚礁群

美拉尼西亚群岛意思是"黑人群岛"。主要包括所罗门群岛、新赫布里底群岛、新喀里乡尼亚群岛和斐济群岛等。这些岛屿大部分是大陆岛，岛上热带森林茂密，出产珍贵的木材，盛产咖啡、可可、甘蔗等热带经济作物。

密克罗尼西亚群岛有 2500 多个分散的小岛，密克罗尼西亚群岛就是"小岛群岛"或"微型群岛"的意思。这组群岛大部分岛屿是珊瑚岛，面积很小，100 平方千米左右的岛屿还不到 10 个。多数岛屿无人定居，有人居住的岛屿只有 100 多个。

波利尼西亚群岛，意思是"多岛群岛"，这里岛屿数目多达几千个，许多岛屿上森林密布，盛产甘蔗、凤梨、咖啡、香蕉、烟草等。

大洋洲的地理位置非常重要。它地处亚洲、拉丁美洲和南极洲之间，东西沟通了太平洋和印度洋，是联系各大洲的海、空航线及海底电缆通过之地。其中关岛、中途岛等皆为太平洋航线上的中途站，还有许多岛屿成了霸权主义者的军事基地。因此，大洋洲在国际交通、通信及战略上，都占有极为重要的地位。另外，它又是距离南极洲最近的洲之一，许多去南极考察、探险、捕鲸等活动的船只多在此停歇增添航行中所需的物资。随着考察、开发南极洲热潮的到来，大洋洲的战略位置更加重要。正因为大洋洲的地理位置重要，因此 16 世纪以来这里一直是殖民主义、帝国主义角逐的场所，几乎所有的殖民主义国家都先后插手这个地方。在今天的大洋洲，澳大利亚和新西兰经济很发达，属于发达国家之列。尤其是澳大利亚，在南半球，从面积大小以及政治、经济等方面看都是一个大国。

📖 **知识链接**

大洋洲

　　大洋洲有 14 个独立国家，其余十几个地区尚在美、英、法等国的管辖之下。大洋洲现有人口为 2900 万人，仅及世界总人口的 0.5%，平均每平方千米不足 2.7 人，是世界上常住人口最少、密度最低的一个洲。另外，大洋洲各地人口数量与密度差别很大，全洲 65% 的人口分布在澳大利亚大陆。

西半球的美洲大陆

科普档案 ●名称：美洲　●面积：4206.8 万平方千米　●地理划分：北美洲、中美洲、南美洲

如果将我们所在的东半球视为地球"正面"，在它的"反面"就是西半球，还有两个形似三角状的大洲——北美洲和南美洲，人们以巴拿马运河为界，把北部的美洲称为"北美洲"，把南部的美洲称作"南美洲"。

如果将我们所在的东半球视为地球"正面"，在它的"反面"就是西半球，还有两个形似三角状的大洲——北美洲和南美洲，其对应的时区，与我们东半球正好差 12 小时。由于南美洲、北美洲两块大陆各居一方，并各有其特点，故人们以巴拿马运河为界，把北部的美洲称为"北美洲"，把南部的美洲称作"南美洲"。

北美洲位居大西洋、太平洋和北冰洋之间。全洲面积约为 2422.8 万平方千米，为世界第三大洲。其中岛屿占 410 万平方千米，岛屿面积所占大洲的比例为世界各洲之冠。

北美的许多地块年龄在 25 亿年以上。按板块理论解释，该大陆是在最古老的四块原始陆块基础上，通过与其他板块不断碰撞、联合，使原古陆"增生"而逐渐形成今日之规模。北美地形具有东西高、中部低，呈三大纵列带排列的大势。东带是久经侵蚀的阿巴拉契亚高地，西带是包括内华达山、海岸山、落基山在内的科迪勒拉山系的北段，中带为北美大平原。

科迪勒拉山系中的科罗拉多大峡谷，长 400 多千米，最深达 1830 米，为美洲最大的峡谷带。峡谷两侧古地层呈层状分布，是地学家研究地球历史的一部活"教科书"。北美中部大平原为世界淡水湖的集中分布区，面积 1000 平方千米以上的湖泊就有 22 个。面积为 8.24 万平方米的苏必利尔湖被誉为"世界第一大淡水湖"。大平原中长 6262 千米的密西西比河为世界

□科罗拉多大峡谷

第四长河。北美东北部的格陵兰岛,是一个冰雪覆盖的冰原,全岛84%的地区都是冰,是仅次于南极的第二个大陆冰体,为世界大陆冰川面积最大的岛屿。

巴拿马运河到德雷克海峡之间的美洲被称作"南美洲"。全洲为大西洋、太平洋所包围,大陆轮廓北宽南窄,像个"直角三角形",是一个海岸平直、缺乏半岛和岛屿的大洲。南美洲面积约为1791万平方千米,为世界人口密度最小的地区之一。

南美洲与北美洲特点较为相似,也具有东西高、中部低、三大纵向地带控制整个大陆地形的局面。南美洲西带的安第斯山脉是世界上最长的山脉。南美洲中部由北至南,由奥里诺科平原、亚马孙平原、拉普拉塔平原三大平原组成。其中亚马孙平原,面积为560万平方千米,为世界上最大的平原。南美洲东部为高原区,其中,巴西高原是一个由多种变质岩组成的古老高原,因受长期风化侵蚀,海拔已不太高,仅有300~1500米左右,但其面积仍有500万平方千米,为世界面积最大的高原。

南美洲的森林面积十分广阔,是世界上重要的木材产地。亚马孙平原、圭亚那高原、巴西高原的东南部和智利南部的温带地区,以及安第斯山区都分布有大片的森林。由于南美洲热带面积大,气候暖热、湿润,土壤肥沃,对发展多种多样的热带经济作物十分有利。另外,南美洲绝大多数国家都

□亚马孙平原

濒临海洋,沿海海域有丰富的渔业资源。南美大陆东岸亚马孙河河口东部海域、巴西东南面海域是南美洲著名的大渔场。

　　印第安人是南美洲原有的居民,他们世世代代生活在这块美丽富饶的土地上。在欧洲殖民主义者侵入以前,印第安人曾有过较高的文化艺术和农耕技术。欧洲殖民主义者入侵后,印第安人遭受残酷的屠杀,人口逐渐减少,现在约有3000多万人,主要分布在安第斯山地和亚马孙河的中上游地区。从欧洲来的白人移民,主要是西班牙人和葡萄牙人。黑人是被欧洲殖民主义者从非洲作为奴隶贩运来的。几百年来,由于各个种族之间互相通婚,形成了混血种人,其中印欧混血种人最多,分布地区也比较广。

📖 知识链接

北美洲

　　北美洲总人口为4.62亿人,约占世界总人口的8%。北美洲有23个国家,其中,美国和加拿大为两个发达的资本主义国家,其他国家为发展中国家。南美洲人口为3.25亿人,约占世界总人口的5.6%。南美洲现已有12个独立国家,它们均是发展中国家。其中巴西的经济实力居南美之首。

白色大陆南极洲

科普档案 ●**名称**:南极洲 ●**面积**:1410万平方千米 ●**气候**:冰原气候 ●**地形**:冰原覆盖的高原

在地球的南端,有一个人迹罕至的大洲,它就是被太平洋、大西洋、印度洋环抱的南极洲。南极洲总面积有1410万平方千米,为世界第五大洲,是一个"地理之最"较多的大洲。

南极洲是一个"地理之最"较多的大洲。首先,其地理纬度就是世界一"最"。南极洲除个别岛屿和部分半岛外,绝大部分地域都在南极圈以内,成为一个地理纬度最高,接受光热最少的大洲。此外,南极洲也是地势最高的大洲。比号称"高原大陆"的非洲还高,这是因为它整个大陆98%的土地被厚厚的冰雪压在底下,使原来基盘平均海拔只有410米高的大陆,一下子加厚了5.7倍,成为平均海拔2350米的世界最高之洲,是一个名副其实的"冰雪大陆",也有人称其为"白色大陆""世界冰库"。

南极大陆上的积雪,终年不化。积雪逐年增厚,便逐步压缩为冰体,覆盖着南极大陆,叫南极冰盖。南极冰盖是世界上最大的冰盖,冰盖表面呈盾形或饼状,中间高,四周低,面积约1200万平方千米,平均高度约海拔2000米,最高点海拔为4200米,最大厚度为4645米,体积约2400万立方千米,是地球上最大的冰库和淡水库。近年,南极冰盖正在缩小,据卫

□南极冰盖

星探测显示,20世纪70年代以来, 南极冰盖已经缩小了2.848平方千米。如果这些冰体全部融化,全球的海平面将可能上升60米,地球的陆地面积将有2000万平方千米被海淹没。

南极冰盖的冰温有一个十分有趣的现象。冰层10米深处的冰温与当地的年平均气温一致,10米以下冰温受地热的影响,随着深度增加而升高。在冰温接近0℃和冰盖本身的巨大压力下, 冰体自冰盖中心向四周缓慢流动。当冰体流到冰盖边缘进入低谷时,便分散成一条条的山谷冰川。山谷冰川中有一条叫兰姆伯特的冰川,长500千米,是世界上最大最长的冰川。南极大陆是由东、西南极洲组成的,如果把冰盖全部揭开,东南极洲是一个较完整的平原,而西南极洲是由许多大小岛屿组成的弧形群岛。在东、西南极洲之间,有一条南极大陆最大的山脉,叫南极横断山脉,全长3000多千米,只有3000米至4500米高的山峰,突兀在冰盖之上,称为冰原石山,气势十分宏伟。

由于南极大陆纬度高,日照少,加上地势高与冰面散热快等原因,这里的年平均气温只有-25℃,比北极地区还要低20℃。内陆高原处年平均气温更低,为-56℃。南极点的最低气温,甚至出现过-94.5℃的世界纪录。所以,南极洲又是世界最冷的大洲, 即使到了最暖的一月, 平均气温也在0℃以下,可谓"全年皆冬"。

南极洲是世界上最干旱的大洲。由于冰面大而寒冷,空气密度及压力也大,致使外部海空的水汽很难进入内陆,因此降水非常稀少。内陆高原的年降水(雪)量不足50毫米,大体与撒哈拉沙漠相当,成为世界上最干旱的大陆。另外,南极洲常刮极地东风,由于冰雪面对来风缺少阻力,这里的风速每秒常在几十米甚至百米,成为世界上风力最大和多风的地区。风暴卷起地面积雪,形成骇人的暴风雪天气。

南极大陆有95%的地区被终年不化的冰雪所覆盖,只有5%的地方有岩石出露,叫作无冰盖区,南极考察人员通常把这些无冰盖区称为南极的"绿洲"或"绿岛"。这里是南极地区气温最高的地方,暖季里有1~4个月平均气温在0℃以上,寒季的月平均气温都在0℃~15℃之间。尤其在南极半岛,降水较多,气温较高,光照时间较长,植物生长较好,是南极大陆最好的"绿洲",人们称它为"绿岛"。不过这里天气变化很大,常常是早晨浓雾迷漫,随后云消雾散,晴空万里;中午低云压境,午后雪花纷飞;一到傍晚便狂风大作,暴风雪顷刻来临。这里的植物种类十分单调,除了三种像茅草一样的禾本科和一种石竹科的开花植物外,其他就只有地衣、苔藓和藻类植物了。

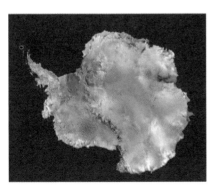

◆ 知识链接

南极洲

南极洲是世界上唯一没有定居人口、没有国家存在的大陆。1959 年 12 月,由 12 个国家签订了《南极条约》。其主要内容是:南极洲仅用于和平目的,保证在南极地区进行科学考察的自由,促进科学考察中的国际合作,禁止在南极地区进行一切具有军事性质的活动及核爆炸和处理放射废物,冻结对南极的领土要求等。

万物之母海洋

科普档案 ●地理概念：海洋　　●面积：3.6亿平方千米　　●海水运动形式：波浪、潮汐、洋流

　　　　生命发生与发展的进程是一组富有创造性而又奇妙无比的交响曲。但是，无论现今的生命已经进化到怎样高级的程度，生命演化的最初、最关键的几步都是在原始海洋里进行的，没有海洋，就没有生命。

　　在生命发生与发展的进程中，从无机物到有机物，从无生命物质到有生命物质，从单细胞生物演化到千姿百态的高级动物……这是一组富有创造性而又奇妙无比的交响曲。但是，无论现今的生命已经进化到怎样高级的程度，它们生命演化的最初、最关键的几步都是在原始海洋里进行的，没有海洋，就没有生命。

　　在40多亿年前，地球上已经有了海洋和大气，然而那时还没有生命，只是在原始星际的云状物中，存在像碳、氢、氮等各种最简单的元素，后来出现了氧。生命的出现首先经历了漫长的化学过程。这些无机物质经过一番复杂的化合，产生了一种有机物质，这就是生命最原始的胚种。由于当时地球上气候恶劣，时而倾盆大雨，时而赤日炎炎，山崩地裂，飞沙走石，而且还要遭到大量紫外线和宇宙射线的袭击，因此，

□原始海洋

□海　洋

原始的生命是无法在陆地表面生存的。最后,它们明智地选择了海洋,尽管它们还没有思维。这些有机物质汇聚到汪洋大海之中,扮演了古代海洋里的重要角色。因而,有人说那时候的海,是一个溶有各种各样有机物的"肉汤般的海"。它们在混浊的海水中,互相碰撞、聚合,终于形成了原始蛋白质分子。经过若干亿年的不断演变,大约在 30 亿年前,它们的功能越加复杂,结构更加完善,形成了组成现代细胞的两大物质——蛋白质和核酸。这些蛋白质和核酸构成的小颗粒,在海洋里生长着,它们吸收着阳光和营养,并且分裂着自己的身体,把自己变成 2 个、4 个、8 个……一代一代传下去,又经过了亿万年,才诞生了细胞。这是生命起源和发展过程中的一个较高级阶段,是生命漫长演变历史中的一次飞跃。

　　约 30 亿年前,海洋里又出现了一种蓝绿色的生命——蓝绿藻。这些原始的藻类含有光合色素,在阳光的爱抚下,用阳光做能源,把水、二氧化碳和其他盐类合成为糖、淀粉和蛋白质等有机物,就像一座座精致的有机合成化工厂,从而使生命的链条一环一环地被连接起来了。据研究发现,在距今 5 亿多年前,海洋里的原生动物就已经是十分活跃的"居民"了。这些原生动物有独立活动的本领,有刺激感应,它们能伸出一些树枝状的"小脚",捕捉食物或改变自己"行走"的路线。到了约 2 亿年前,海洋已是一个繁忙的世界,生命在它的怀抱里不断进化着。大约在距今4亿年前,蓝绿藻首先登陆,以后又有苔藓植物、蕨类植物、裸子植物和被子植物相继出现。由于这些植物的出现,给昔日荒山秃岭的大地披上了绿装,使各种微生物和昆虫找到了活动的场所。在距今约4亿年前,海洋里还出现了一种无鳄鱼,说起来,它还是人类的老祖宗呢!它们经过上万年的繁衍,成为海洋的主人,以后,不管地球上发生什么样的剧烈变化,总有一些无鳄鱼的后代适应了已改变的生活环境,变化着自己的身体结构。到距今约3亿年左右,这些无鳄鱼越过潮间带爬上了陆地,成为既可在陆地,又可回到海洋里生存的两栖动物。随着陆地上氧气的增加,生物用来呼吸的肺也变得更加完善。顽强的生命抵御着来自各方面的侵袭,它们终于度过了两栖阶段,脱离了海洋。到了2.3亿年前的中生代,爬行动物开始大量繁殖。至1.8亿年前的一段时间,地球可以叫作爬行动物时代。此间,又出现了许多哺乳动物,又过了1亿多年,哺乳动物才成为陆地上的统治者。此外,鸟类也由另一支原始爬行动物演化而成,这些都为更高等生物的出现提供了适宜的条件。总之,海洋是生命的真正摇篮,是一切生物进化的发源地,所以说,海洋是万物之母。

📖 知识链接

海 洋

从生命的起源,到动植物的形成和登陆,直至人类的出现,海洋在生物进化的历史上有着不可磨灭的功绩。海水里溶解着各种各样的营养物质,为生命提供了丰富的养料。海洋把那些原始生命拥抱在自己的怀里,充足的海水使这些生命可以进行新陈代谢。直到如今,水也一直是生物的"命根子"。

海与洋的关系

科普档案 ●地理概念:洋　●面积:海洋总面积的89%　●划分:太平洋、印度洋、大西洋、北冰洋

> 海洋是地球表面除陆地水以外的水体的总称，人们习惯上称它为海洋。其实，"海"和"洋"就地理位置和自然条件来说，它们是海洋大家庭中的不同成员。"洋"犹如地球水域的躯干，而"海"则是它的肢体。

　　海洋是地球表面除陆地水以外的水体的总称，人们习惯上称它为海洋。其实，"海"和"洋"就地理位置和自然条件来说，它们是海洋大家庭中的不同成员。可以这么说，"洋"犹如地球水域的躯干，而"海"连同另外两个成员——"海湾"和"海峡"则是它的肢体。

　　洋，是海洋的中心部分，是海洋的主体。世界大洋的总面积，约占海洋面积的89%。大洋的水深，一般在3000米以上，最深处可达1万多米。大洋离陆地遥远，不受陆地的影响。它的水温和盐度的变化不大。每个大洋都有自己独特的洋流和潮汐系统。大洋的水色蔚蓝，透明度很大，水中的杂质很少。世界上共有4个大洋，即太平洋、印度洋、大西洋、北冰洋。

　　太平洋是世界第一大洋，它北起亚洲和北美洲之间的白令海峡，南到南极大陆；东起南、北美洲间的巴拿马运河，西迄亚洲中南半岛的克拉地峡。约占世界大洋总面积的1/2，大体近似圆形。大西洋位于欧洲和非洲以西，南、北美洲以东，大致呈S形，面积居世界第二位。印度洋位于非洲、南亚、大洋洲和南极洲之间，略呈三角形，其主体在赤道以南的热带和温带区域。北冰洋位于亚欧大陆和北美之间，大致以北极为中心，以北极圈为界，近似圆形。北冰洋比别的大洋浅得多，面积也最小。

　　海，在洋的边缘，是大洋的附属部分。海的面积约占海洋的11%，海的水深比较浅，平均深度从几米到二三千米。海临近大陆，受大陆、河流、气候

□加勒比海

和季节的影响,海水的温度、盐度、颜色和透明度,都受陆地影响,有明显的变化。夏季,海水变暖,冬季水温降低,有的海域,海水还要结冰。在大河入海的地方,或多雨的季节,海水会变淡。由于受陆地影响,河流夹带着泥沙入海,近岸海水混浊不清,海水的透明度差。

世界有多少海呢?国际水道测量局统计有54个,太平洋17个,大西洋14个,印度洋9个,北冰洋9个。最大的海要算太平洋的珊瑚海和南海,其次是大西洋的加勒比海、地中海和印度洋的阿拉伯海,最小的海是大西洋的亚速海和北冰洋的白海。

海按所处的地理位置不同,可分为边缘海、地中海和内海。位于大陆边缘,以半岛、岛屿或群岛与大洋分割,但水流交换通畅的海,被称为边缘海,如阿拉伯海、日本海以及我国的南海等,就属于边缘海。深入大陆内部,仅有狭窄的水道与大洋相通的海,被称为内海,如红海、黑海以及我国的渤海等,就属于内海。处于几个大陆之间的海,是地中海,如欧亚非大陆之间的地中海和中美洲的加勒比海,就属于地中海。世界主要的海有54个,太平洋最多,大西洋次之,印度洋和北冰洋差不多。

海按其所处的位置和其他地理特征,还可以分为三种类型,即陆缘海、内陆海和陆间海。濒临大陆,以半岛或岛屿为界与大洋相邻的海,称为陆缘海,也叫边缘海,如亚洲东部的日本海、黄海、东海、南海等;伸入大陆内部,有狭窄水道同大洋或边缘海相通的海,称为内陆海,有时也直接叫作内海,如渤海、濑户内海、波罗的海、黑海等;介于两个或三个大陆之间,深度较大,有海峡与邻近海区或大洋相通的海,称为陆间海,或叫地中海,如地中海、加勒比海、红海等。此外,根据不同的分类方法,海还可以分成许多类型。例如,按海水温度的高低可以分为冷水海和暖水海;按海的形成原因可以分为陆架海、残迹海等。

海湾是洋或海延伸进大陆且深度逐渐减小的水域,一般以入口处海角之间的连线或入口处的等深线作为与洋或海的分界。海湾中的海水可以与毗邻海洋自由沟通,故其海洋状况与邻接海洋很相似。由于历史上形成的习惯叫法,有些海和海湾的名称被混淆了,有的海叫成了湾,如波斯湾、墨西哥湾等;有的湾则被称作海,如阿拉伯海等。

海峡是两端连接海洋的狭窄水道。海峡最主要的特征是流急,特别是潮流速度大。海流有的上、下分层流入、流出,如直布罗陀海峡等;有的分左、右侧流入或流出,如渤海海峡等。由于海峡中往往受不同海区水团和环流的影响,故其海洋状况通常比较复杂。

📖 **知识链接**

陆地与海洋

　　地球上的海洋是相互连通的, 构成统一的世界大洋。在地球表面, 是海洋包围、分割所有的陆地, 而不是陆地分割海洋。陆地主要集中在北半球, 约占北半球总面积的39%, 海洋面积约占61%; 在南半球, 陆地面积仅占19%, 海洋面积约占81%。我国大陆所濒临的水域均为海, 而有的国家则濒临的是大洋。

大洋之冠太平洋

科普档案 ●**名称:**太平洋　　●**面积:**17967.9 万平方千米　　●**深度:**平均深度 4187.8 米

太平洋位于亚洲、澳大利亚、北美洲、南美洲和南极洲之间。它的面积有 17967.9 万平方千米,占世界海洋总面积的 49.8%,等于其他三洋面积的总和,甚至比全球陆地面积的总和还大 1/5,占全球表面积的 35.2%。

　　太平洋位于亚洲、澳大利亚、北美洲、南美洲和南极洲之间。2 亿年前的古生代末期,太平洋称"古太平洋",也称"泛大洋"。在古代泛大陆"分家"之后,古太平洋分出了今天的四个大洋。虽然现在的太平洋比古太平洋面积已经大为缩小,但它的大小、年龄等仍称得上"老大哥"。它的面积有 17967.9 万平方千米,占世界海洋总面积的 49.8%,等于其他三洋面积的总和,甚至比全球陆地面积的总和还大 1/5,占全球表面积的 35.2%。太平洋海水容积达 7 亿立方千米,几乎占全球水体的一半以上。

　　我国古代称太平洋为"海""沧海""东海"等。1513 年 9 月 26 日,西班牙探险家巴斯科·巴尔沃亚在巴拿马海岸见到此洋,把它命名为"南海",与"北海"即大西洋相对而言。1520 年,葡萄牙航海家麦哲伦受西班牙国王之命,率领船队寻找通往东方的西航路线,经过四个多月的艰险航程,越过风狂浪恶的大西洋,穿过狭窄险要、弯曲多礁的麦哲伦海峡,进入新的大洋。时逢这里天气晴朗温和,洋面平静如镜,碧水映着蓝天,航行几十天都是如此,与前段航路形成鲜明对比,因此,麦哲伦便把这个叫作"南海"的大洋改称为"和平之洋",汉译为"太平洋"。

　　太平洋是世界上最深的洋。包括边缘海在内平均深度在 4000 米左右。世界上深度超过 6000 米的海沟共有 29 个,仅太平洋就占了 20 个。世界上水深超过 10000 米的 6 大海沟,全部在太平洋。它们分别是 11034 米深的

□太平洋

马里亚纳海沟、10882米深的汤加海沟、10542米深的千岛海沟、10497米深的菲律宾海沟、10374米深的日本海沟、10047米深的克马德海沟。其中，马里亚纳海沟的查林杰深渊，是地球的最深点。

太平洋的边缘海在世界上是数量最多的，大小有20个。其中珊瑚海是世界上最大的海，面积479.1万平方千米，平均水深2394米，海水总体积为1147万立方千米，居世界各海之首。这里全年水温都在20℃以上，是典型的热带海洋。由于几乎没有河水注入，海水很洁净，呈蓝色，透明度比较高，深水区也比较平静。这里不仅有众多的珊瑚，还分布着由珊瑚子子孙孙造成的成千上万的珊瑚岛礁。世界上最大的珊瑚暗礁群大堡礁，绵延分布在大海的西部。它长达2400千米，北窄南宽，从2千米逐渐扩大到150千米，总面积达8万多平方千米。在大堡礁礁石周围，遍布形形色色的海藻和软体动物，以及许多色彩艳丽的其他海洋生物。

太平洋还是世界上最暖的洋。表面水温年平均可达19.37℃，比世界大洋表面的平均水温高出2℃。太平洋岛屿"成员"也很兴旺，它的海岛是最多的，大小有数万座，其中，南太平洋就有两万个以上。太平洋还是珊瑚礁最多和分布最广的洋。其中澳大利亚大陆东北海岸的大堡礁最为著名，它全长2000余千米，为世界上规模最大的珊瑚礁群。整个大洋岛屿的总面积有440多万平方千米，约占世界海洋岛屿总面积的45%。太平洋的洋流系统也最为完整。北太平洋环流按顺时针方向流动；南太平洋环流按逆时针方向运行。"大路朝天,各走一边。"

太平洋周围的"太平洋火环"是世界上最大的火山、地震分布带。全球60%以上的活火山和80%以上的地震都集中在太平洋。火山、地震的"肇事者"就是海底地壳沿着海沟的俯冲作用。地球物理学算出了各条海沟的海底俯冲速度,它们大多每年7~8厘米左右。千岛海沟、日本海沟、菲律宾海沟等就像无底的陷阱,西北太平洋海底正以每年近10厘米的速度钻入其中,于是,这些海沟两侧的地块渐渐聚合靠拢。比如上海与太平洋中的夏威夷群岛之间的距离就一直在缩短,夏威夷群岛正随着太平洋海底向西偏北方向移动。夏威夷群岛的檀香山,如今是游览胜地,但在几千万年后,檀香山连同整个夏威夷群岛都将葬身于日本海沟,而被拖进"地狱"之中。太平洋周缘的海沟,好似一张张吞吃海底的大口。若干亿年后,整个太平洋洋底都可能会被海沟这头怪兽所吞没。浩瀚无际的太平洋闭合消逝了,中国有可能与美国碰撞相遇,在两国之间将会升起一座像喜马拉雅山那样高峻的山岳。

📖 知识链接

狂吼咆哮的四十度带

太平洋沿岸和太平洋中,有30多个国家和一些尚未独立的岛屿,居住着世界总人口的近1/2。太平洋的名字很美,其实并不"太平"。在南纬40度,终年刮着强大的西风,洋面辽阔,风力很大,被称为"狂吼咆哮的四十度带",是有名的风浪险恶的海区,对南来北往的船只造成很大威胁。

年轻的大西洋

科普档案 ●名称:大西洋　　●面积:9336 万平方千米　　●深度:平均深度 3597 米

> 大西洋位于欧洲、非洲、北美洲、南美洲和南极洲之间,总面积有 9336 万平方千米,为世界第二大洋。根据海洋地质探察资料可知,大西洋是在古生代末期的泛大陆基础上逐渐形成的一个"年轻"大洋,其寿命只有 1.6 亿年。

　　大西洋位于欧洲、非洲、北美洲、南美洲和南极洲之间,总面积有 9336 万平方千米,为世界第二大洋。它的北部与北冰洋相接;东南和西南分别与印度洋、太平洋连通。

　　大西洋的名称源于古希腊神话中大力士神阿特拉斯的名字。普罗米修斯因盗取天火给予人间犯了天条,株连到他的兄弟阿特拉斯,众神之王宙斯强令阿特拉斯支撑石柱使天和地分开,阿特拉斯在人们心中成为顶天立地、高大威武的形象。最初希腊人以阿特拉斯命名非洲西北的山地,后因传说阿特拉斯居住在遥远的西方,人们认为一望无垠的大西洋就是阿特拉斯的栖身之所,故有此称。

□大西洋群岛

□大不列颠岛

　　"大西洋"这一名称在我国最早记载于明朝。利玛窦来华晋谒明神宗时,自称是"大西洋人"。他把印度洋海域称为"小西洋",把欧洲以西的海域称为"大西洋"。在我国明朝年间,东西洋分界大体以雷州半岛至加里曼丹岛一线,其西叫"西洋",其东叫"东洋"。因此,我国习惯上把欧洲人称为"西洋人",而把日本人称为"东洋人"。随着明末对欧洲地理知识增多,于是改称印度洋为"小西洋",而把欧洲以西的海域称"大西洋"。西方世界地理学和地图作品传入中国后,我国便以大西洋来加以命名,并一直沿用至今。

　　大西洋的起源,向来为人们所关注。根据最新海洋地质探察资料可知,它是在古生代末期的"泛大陆"基础上逐渐形成的一个"年轻"大洋,其寿命只有1.6亿年。科学家们已经证实,美洲和欧洲、非洲等从前是紧密相连的同一块陆地。后来,这块超级大陆仿佛受到致命的一击而遭重创,它的身子被划破了,在美洲和非洲之间裂开了一道长长的伤口。以后,这道伤口逐渐"恶化",变得越来越宽,越来越深,超级大陆终于被肢解,西面的美洲和东面的欧洲、非洲从此离别而各奔前程了。咆哮着的海水涌进了美洲和欧非陆块间的裂口,一个崭新的狭窄海洋就此诞生。它便是今日大西洋的前身,或者说是一个幼年的大西洋。原先位于超级大陆上的那条伤口变成了幼年洋的洋底裂谷。幼年的大西洋沿着中央裂谷不断地分裂并长出新的海底,老的海底被推向两边。大西洋渐渐地长大了,从一个狭窄的幼年洋扩张展宽成今日浩瀚辽阔的成年大洋。两边的美洲和欧洲非洲被扩张着的大西洋越推越远,到今天已相距数千千米之遥。

大西洋较大的边缘海、内海和海湾有地中海、黑海、比斯开湾、北海、波罗的海、挪威海、墨西哥湾、加勒比海和几内亚湾;著名的海峡有英吉利海峡、多佛尔海峡、直布罗陀海峡、土耳其海峡以及进出波罗的海的卡特加特海峡、厄勒海峡和大、小贝尔特海峡等;较大的岛屿和群岛有大不列颠岛、爱尔兰岛、冰岛、纽芬兰岛、大安的列斯群岛、小安的列斯群岛、巴哈马群岛、百慕大群岛、亚速尔群岛、加那利群岛、佛得角群岛、马尔维纳斯群岛以及地中海中的一些岛屿。

大西洋中的墨西哥湾暖流是世界上最大的暖流,其宽度达 60~80 千米,厚 700 余米,流速每昼夜达 150 千米,简直是大洋中一条"巨川"。这条暖流的北部延伸部分叫作"北大西洋暖流",对于西欧、北欧的气候,有着加温加湿的作用。如欧洲西岸,要比同纬度的加拿大东岸的气温平均高 10℃左右。

大西洋是世界上航运最发达的大洋。欧洲至北美洲间的北大西洋航线是世界海运最繁忙的航线。生产原料、工业品、农产品等什么都运,两岸国家的旅游者也频繁来往。大西洋两岸海港很多,拥有世界海港总数的 3/4,全球海洋货运周转量的 2/3,货物吞吐量的 3/5。其中,荷兰的鹿特丹港,为世界最大海港,年吞吐量常在 3 亿~3.5 亿吨以上。大西洋通过它的东西两个著名运河——苏伊士运河和巴拿马运河与印度洋、太平洋相通。

📖 知识链接

大西洋

　　大西洋沿岸和大西洋中有近 70 个国家和地区。欧洲西部,南、北美洲的东部,非洲的几内亚湾沿岸,濒临辽阔的大西洋,是各大洲经济比较发达的地区。加勒比海、墨西哥湾、北海、几内亚湾和地中海均蕴藏有丰富的海底石油和天然气。据估计,大西洋各海石油总储量在 150 亿吨以上。

奇特的印度洋

科普档案 ●**名称:**印度洋　　　●**面积:**7500万平方千米　　　●**深度:**平均深度3872.4米

> 印度洋是个"个性"独特的大洋,赤道横贯它的北域,使其主体部分处于赤道带、热带和亚热带这些热带气候区内。在洋流运行上,印度洋北部海随着季节的不同,会产生所谓方向相反的独特"季风海流"。

太平洋的西边,还有一个大洋——印度洋。印度洋的面积在四个大洋中居于第三位,面积只有7500万平方千米,还不到太平洋的一半。印度洋的北部被亚洲、非洲、大洋洲紧紧地包围着,南部向南极洲敞开。

印度洋古称"厄立特里亚海",意为"红海"。最早见于古希腊历史学之父希罗多德所著《历史》一书以及他所编绘的世界地图中。其名称来源有两种解释:一说原指红海,以后应用范围随着航海和知识领域的扩大而逐渐向东扩展,以致发展到泛指整个印度洋;另一说来自一个统治过沿海广大地区的古波斯君主厄立特里。古罗马人曾将厄立特里亚海意译为"鲁都姆海",意即"红海"。"印度洋"之名始见于1515年中欧地图学家舍奈尔编绘的地图上,被称为"东方的印度洋",此处"东方的"一词是和大西洋相对而言的。1570年,奥尔太利乌斯编绘的世界地图集里正式称为印度洋。因在古代,西方对东方了解甚少,只传闻印度是东方的一个富庶之国,所以到东方就是到印度,通往东方的航路也就是通往印度的航路。1497年,葡萄牙航海家达·伽马东航寻找印度,便将沿途所经洋面统称为印度洋。

印度洋是个"个性"独特的大洋。首先是赤道横贯它的北域,使印度洋主体部分处于赤道带、热带和亚热带这些热带气候区内,因而人们称其为"热带性海洋"。这里的水面平均温度可达到20℃~27℃。

印度洋在洋流运行上,还有个近似于"游戏"的奇特现象,即北部海随着季节的不同,会产生所谓方向相反的独特"季风海流"。其流动方向是:冬季受亚洲大陆高气压和赤道低气压制约,印度洋北部会吹东北季风,形成了逆时针的海流;夏季印度洋西北部又变成低气压中心,夏季风由西南向东北输送,又形成了顺时针海流。这种随季节而变的海流,在其他大洋是没有的。

印度洋的地质年代非常年轻,是世界上最年轻的大洋,它是冈瓦纳古陆破裂和解体的产物。但其洋底的地壳扩张形式,却颇具特色:它不但有东西方向的扩张运动,还有南北方向的扩张运动。在大扩张运动中,同时又"套"着小扩张运动,如马达加斯加岛与非洲大陆主体的分离,就是一种特殊的洋底小扩张运动的结果。印度洋板块北行与亚欧板块发生碰撞时,产生了世界上最雄伟的喜马拉雅山,并使山北的青藏地区抬升为世界最高的高原。所有这些东、西、南、北不同方向的扩张运动,总合起来,就形成了印度洋底复杂的地形结构。

印度洋有一个奇特的内陆海——红海。它形状狭长,从东南向西北延伸,全长1932千米,像印度洋的一条巨大的臂膀深深地插入非洲东北部和阿拉伯半岛之间,成为亚洲和非洲的天然分界线。

红海处于干燥炎热的亚热带地区,降水稀少,蒸发强烈,周围多是干旱的荒漠,没有什么大河流入,海水主要靠从曼德海峡流进的印度洋补给。因此,海水的温度和盐度都很高,是世界上水温和含盐量最高的内海之一。更

□印度洋的海啸

□ 红　海

　　有趣的是，从地图上可以看到红海东西两岸几乎平行，而且如果按海岸线剪下来，两岸可以完好地拼接起来。另外，红海的海底有一条很深的海槽，并且有一种被称为"热洞"的特殊区域，水温比其他地区高，盐度比其他地区大。

　　为什么红海会有这些有趣的特殊现象呢？据科学家研究，在四千多万年以前，地球上并没有这个红海，那个时候的非洲与阿拉伯半岛还是连在一起的。后来，现在红海所在的地区发生了大断裂。在漫长的地质年代里，断裂的谷地不断展宽，才逐步形成今天的红海。大海槽就是断裂谷地的底部，"热洞"地区是有熔岩从地下流出造成的。目前，红海还在继续扩张。1978年，在红海地区发生的一次火山爆发，使红海南端在短时间内加宽了120厘米，就是一个很好的例证。如果按目前平均每年1厘米的速度扩张的话，再过几亿年，红海就可能发展成为像今天大西洋一样浩瀚的大洋。

🔖 知识链接

印度洋

　　在四个大洋中，只有印度洋不是横跨东西半球，而独居于东半球。但印度洋的地理位置非常重要，是沟通亚洲、非洲、欧洲和大洋洲的交通要道。向东通过马六甲海峡可以进入太平洋，向西绕过好望角可到达大西洋，向西北通过红海、苏伊士运河，可入地中海。

天然冰窖北冰洋

科普档案 ●**名称**:北冰洋　●**面积**:1300万平方千米　●**深度**:平均深度约1200米

　　在亚洲、欧洲、北美洲的北面，北极圈之内，有一个世界上最小的大洋——北冰洋。它的面积只有1300万平方千米，不到太平洋的1/13。北冰洋又浅又小，而且其海域大部分为浮冰所占，是世界上最寒冷的大洋。

　　北冰洋大致以北极为中心，为亚洲、欧洲和北美洲所环抱，通过白令海峡和太平洋相连；以挪威海和巴芬湾与大西洋相通，北冰洋海岸线曲折，既多岛屿，又多大陆架。大陆架几乎占北冰洋面积的1/2。尤其是亚、美洲海区的大陆架，最宽处可达1200多千米，为世界海洋中大陆架最宽的地方。由于大陆架分布广泛，致使北冰洋深度平均变浅，海水容积也小。全洋平均深度仅为1225米，为世界最浅的洋，其深仅为大西洋平均深的1/3，容积就更不能与其他三洋相比了。科学家论证，2000万年前，北冰洋最多只算是一个巨大的淡水湖，湖水通过一条狭窄的通路流入大西洋。大约在1820万年

□北冰洋

□北冰洋的冰山

前,由于地球板块的运动,狭窄的通道渐渐变成较宽的海峡,大西洋的海水开始流进北极圈,慢慢形成了今天的北冰洋。由于北冰洋又浅又小,有人把它看作是大西洋的"边海"——"北极海",甚至有人干脆不将其列入"四洋"之列。但它毕竟不是一般的"海",而更具有"洋"的特征,所以我国和不少国家仍把北冰洋归为四大洋的一员。

北冰洋除了"浅""小"外,其最大特点是其海域大部分为浮冰所占,是世界上最寒冷的大洋。在当年还未弄清它的虚实之前,人们曾一直将其视为"陆地"。当挪威探险家南森发现了北极地区冰下依旧是海洋时,北极地区是"陆"是"海"之谜才解开。北冰洋大部分海域处在北极圈内,因此太阳辐射量甚少,全年水温都低于0℃。每年11月至次年4月绝大部分海域气温平均为-20℃~-40℃,最高温的七八月份,平均气温也只有0℃~6℃。在这种气候十分严寒的地方是不下雨的,落在大洋中和岛屿上的是一些亮晶晶的小冰粒。严寒使北冰洋成了一片银白色的冰雪世界。所以,人们说北冰洋是地球上的一个"冷气库",也是一个巨大的"天然冰窖"。

北冰洋的大部分海域平均冰厚3米,整个洋面浮冰面积有冬扩夏缩的季变特点。冬季冰的面积为1000万~1100万平方千米;夏季为750万~800万平方千米。冰雪不仅覆盖着北冰洋的海面,也覆盖着大洋上的岛屿。北冰洋上的岛屿很多,岛屿面积共有 400 万平方千米,就岛屿数量来说,仅次于太平洋,居于四大洋的第二位。岛屿上的冰层常常滑落到海里,形成一座座的冰山。这些冰山高几米、几十米,它们就像一个个活动的小岛,在洋面上漂泊游移。

北冰洋也有它生机勃勃的"春天"。每当夏季来临的时候,沿岸的洋面开始融化,陆地上到处长满了地毯一样的苔藓和地衣,有时还可以看到许多色彩鲜艳的花朵。海鸥、野鸭等鸟儿吵吵嚷嚷地来到这里度夏,北极熊在懒洋洋地晒着太阳,这时的北冰洋地区就变成了一个喧闹的世界。北冰洋的夏天没有夜晚,太阳一天 24 小时总在地平线上转圈,我们把这种现象叫作极昼。几周以后,短暂的极地夏天过去了,一切又都恢复了平静,晶莹的冰雪慢慢封住了洋面,又是一片银白色的冰雪世界了。北冰洋的冬季没有白天,一连几个月都是漫长的黑夜,我们叫它极夜。

📘 知识链接

北冰洋

　　尽管北冰洋是世界上最小、最浅和最冷的大洋,但战略地位非常重要,是苏联欧洲部分与远东地区联系的捷径。另外,巨大的冰盖、冰岛、冰山和浮冰虽不利于船只的行驶,但对潜艇的活动十分有利。第二次世界大战后,许多国家都加紧了在这个地区的活动,特别是美、苏两国都在北冰洋沿岸地区建立了包括核武器在内的军事基地。

海底世界的构造

科普档案 ●名称：海底山脉　　●构成：大洋中脊和海岭（火山海岭、断裂海岭）

大海是个富饶的宝库，也是世界上最神奇的地方。深深的海底世界，对每个人来说，都是一个非常神秘的地方。因为，我们只能看到一眼望不到边的海水上面，而海底下面是什么样子呢？

我们在海洋与陆地相接处，可以看到一段地面，当海水升高时它被淹没，而海水退落后它又露出，这条镶在陆地边沿的"带子"，被称为海岸带。海岸带随着地形的不同而弯弯曲曲，形状各异，有宽有窄，平坦处可宽达几十千米，越是陡峭处，也就越窄细。在海浪的拍打下，海岸带也在令人难以觉察地改变着自己的形状，而江河入海口泥沙的淤积，也会使海岸带发生变化。

越过海岸带便可出现一片浅海区域，它好像大陆在海中的边架，缓缓地向海中延伸，这个大陆在海洋中的延续部分称为"大陆架"。大陆架海水很浅，一般仅几百米。各大洋大陆架的宽度差别很大。在大陆为平原的地方，大陆架一般很宽，可达数百至一千千米，如太平洋西岸、大西洋北部两岸和北冰洋的边缘。紧邻的大陆若是高原或山脉，大陆架宽仅数十千米，甚至缺失，如南美大陆西海岸那样。全世界的大陆架面积约有2750万平方千米，相当于非洲大陆的面积。那里，阳光充足、食物丰富，是水族们栖息繁衍的好场所。那畅游的鱼虾、蠕动的蟹贝、摇曳的海草……无不呈现出生机，真可谓一个海底的水族乐园。

大陆架以下，坡度显著增加，深度也急剧加大，直到2000~3000米的深度，这个陡急的斜坡就叫大陆坡。它是大陆架向洋底过渡地带，宽度20~100

□海底世界

千米不等,总面积和大陆架相仿。大陆架和大陆坡构成一个整体,由于它紧邻大陆,又是大陆的延伸部分,所以叫作大陆边缘。由此可见,大陆坡的底部才是大陆与大洋的真正分界。正是在这个分界处,地壳由于不同的地质结构而产生巨大的裂缝,出现了一系列狭长的深渊——海沟,它是洋底最深的地方。这一地带地壳至今仍在强烈活动,地震十分频繁,火山不时爆发。目前大洋中已发现20多条海沟,它们大部分在太平洋,深度一般在6000米以上,有的超过10000米。西太平洋边缘的海沟有10条之多,如阿留申海沟、千岛海沟、日本海沟、马里亚纳海沟、菲律宾海沟、汤加海沟等。其中马里亚纳海沟深达11034米,为目前大洋已知的最深处。

大陆坡底部已不再是热闹繁华的世界了,深深的海水阻挡了阳光的透射,海底是黑暗的。在这种暗无天日的地方,植物已不可能生存,水族也显得稀少,没有了大陆架那种生机勃勃的景象。从大陆坡再向下去,便可看到一片比较平坦的地区,这一海底叫"大陆基"。它的平均深度为3700米,宽度从100千米到1000千米。这一地带就好像我们陆地的平原一样,而且比陆地平原还要平坦。但是这个平原由于海水太深,一般没有生命存在。穿过这"平原",便来到了深海区。这个区域在海底所占面积最大,约占洋底面积的75%,平均水深为4~6千米。科学家们将这个深海区叫作"大洋盆地",大洋盆地的大部分地区地势平坦，但也有深深裂开的海沟、几千米高的山脉和高原、狭长蜿蜒的海脊和一些突然隆起的海山等。广阔的大洋盆地离陆地很远，已不再有江河带来的泥沙，海底多半是红色的深海沉积物，这是生物尸体和火山灰等物质在强大的压力下，经过化学作用变成的红黏土。

在大洋盆地，最吸引人的要算是海底山脉了。在各大洋的中部，都有一条高峻脊岭，它们虽然走向曲折，但彼此相接，全长约80000千米，贯通四大洋，一般统称为大洋中脊。最壮观的是大西洋中脊，宽达1500~2000千米，约占大西洋面积的1/3，相对高度约1000~3000米，巍然耸立于洋底之上。它的位置居中，距东西两岸几乎相等，山脉走向呈S形，与两岸轮廓一致，"中脊"之名即由此而来。

🔲 **知识链接**

海底构造

人类赖以生存的地球表面是由不断合而分、分而合的大陆及不断张开和关闭着的大洋组成的，海洋和陆地就是这样处在永不止息的运动变化之中。海底目前的这种构造实质上就是海底板块生成—运动—消亡的结果。

死亡三角百慕大

科普档案 ●名称:百慕大群岛 ●位置:北美洲大西洋西部 ●面积:54平方千米 ●首府:哈密尔顿

> 在大西洋的马尾藻海上有一群小岛,称为百慕大群岛。大致以百慕大群岛为顶角,大安的列斯群岛北部沿岸为底边,做出一个三角形,这个三角形地区,就是近几十年来引起全世界极大关注、举世闻名的百慕大三角区。

在大西洋上,美国东南沿海区,大小安的列斯群岛和北大西洋海岭之间有一片广阔的海域,叫作马尾藻海。在马尾藻海上有一群小岛,称为百慕大群岛。大致以百慕大群岛为顶角,大安的列斯群岛北部沿岸为底边,做出一个三角形,这个三角形地区,就是近几十年来引起全世界极大关注、举世闻名的百慕大三角区。

百慕大三角是由360多个岛屿组成的群岛,这些岛屿好似圆形的环躺卧在大西洋上,由于百慕大群岛与美洲大陆之间有一股暖流经过,因此,这里气候温和,四季如春,岛上绿树长青,鲜花怒放。百慕大又被称为地球上最孤立的海岛,因为它与最接近的陆地也有几百千米之遥,因此,百慕大群岛四周是辽阔的海洋,拥有蓝天碧水,白鸥飞翔,花香四溢的秀丽风景。不过,百慕大之所以出名,并非是由于它美丽的海岛风光,而是,提起百慕大,人们就会联想到恐怖而神秘的"百慕大三角海区"。相传,在这里航行的舰船或飞机常常神秘地失踪,事后不要说查明原因,就是连一点船舶和飞机的残骸碎片也找不到。以至于最有经验的海员或飞行员通过这里时,都无心欣赏那美丽如画的海上风光,而是战战兢兢、提心吊胆,唯恐碰上厄运,不明不白地葬送鱼腹。

1945年12月5日美国海军航空兵第十九中队的5架飞机,在这个海区上空编队飞行时突然失踪;1968年9月,在一个风平浪静的日子里,一架

□百慕大三角

"C132"客机飞入"三角"海区时突然坠落,机上27人无一生还。据不完全统计,近数十年来,在三角区失踪的飞机约40架左右,死难者在400人以上。

在飞机不断失踪以前,百慕大三角海域被人们称为"吞没船只的海""船的墓地"。据记载,最早在百慕大三角区被吞没的船只,是1800年8月失踪的美国"起义者"号,载客340名。1918年3月4日,美国"独眼龙"号由巴巴多斯驶往弗吉尼亚州的诺福克途中失踪。"独眼龙"号是一艘海军运煤船,船上有308人。当时正是第一次世界大战时期,因而对它的失踪提出了各种各样的猜测:可能是由于海啸;也可能是撞上了水雷,或遭到德国潜艇的袭击;甚至也可能是船长的残暴行为,引起水手们的哗变,或被亲德的船长出卖给了敌人。但是,后来查证德国海军记录,当时这个地区并没有德国的潜艇或水雷。"独眼龙"号的失踪是海军史上最迷惑的秘密之一,也是最有名的失踪事件。特别引人注目的是"硫黄皇后"号,在1963年2月2日经佛罗里达海峡时失踪。因为这是一艘大型货船,船员有39名。失踪数天以后,海岸警卫队的飞机和舰只才开始搜索,至2月15日搜索中断。但5天以后,海军报告在基韦斯特以南海面上发现了"硫黄皇后"号上的一件救生衣。于是,搜索又重新开始了,结果仅仅找到了另一件救生衣。随后调查失踪的原因,认为可能是硫黄爆炸,或是撞上了水雷,甚至可能是被古巴人劫持等。

　　据资料介绍,从1914年以来,在百慕大三角海区失踪船只400多只,飞机上百架,人员2000多名。尽管每次事发后,有关当局立即派出大量人员进行搜索营救,但结果都是一无所获。且不说连一具遇难者的尸体都找不到,就连那些飞机和船舶的残骸也全无一丝踪迹。这使越来越多的人意识到,在这一地区存在一个使人无法理解的具有严重威胁性的谜。为了解开这个谜,许多科学家不断对这个三角海区进行考察、研究。为什么飞机、船只经常在"死三角"海区失事,大体有两种说法:一是这个海区海流复杂,并有海龙卷、地震等自然现象,飞机和船只遇到这些可怕的现象,便可能失事;二是"死三角"海区有一个强大的磁场,干扰飞机和船只的正常航行,并使之失事。1977年2月一位探险家和他的四个伙伴,乘水上飞机飞往"死三角"海区,在那里逗留了数天。他们发现了一种奇怪的现象:一天晚上吃晚饭时,他们使用的叉子突然弯曲了,同时飞机上的十几把钥匙都变了形,甚至罗盘上的指针也偏离了40度。后来,又有人在这个海区内发现了一座底边长300米,高200米的大金字塔,塔上有几个赫然大洞,海水从中高速穿过,浪潮汹涌澎湃,海面雾气腾腾。有人认为,过往船只如遇到这种情况,便

□百慕大三角的巨大漩涡

可能被卷进海底。此外,为了解开这个三角海区之谜,还有人提出了其他种种假说,如"强烈的次声波""全球12个异常地区说""飞碟"等,但均未能获得公认的满意答案。

最近,由美国、苏联和法国科学家组成的调查"百慕大神秘三角"之谜的小组,利用在太空运行的人造卫星进行侦察,揭开了这一神秘的百慕大三角之谜。根据激光扫描的照片发现,在这个三角地区有一个威力无穷的巨型湍流旋涡。领导这个调查小组的首席科学家阿科尔博士表示,这个巨型旋涡出现时只不过3秒钟,但其威力无穷,令人难以置信。它的吸引力之强,比地球上任何飓风、大地震或火山爆发的威力都强得多,与月球影响地球潮汐的万有引力相比毫不逊色,它可以影响月球上的天气。这个巨大的旋涡出现时,飘忽不定,难以捉摸,要在大西洋寻找到它,真像大海捞针。这也是前人未能解释百慕大三角之谜的主要原因。当突如其来的巨大旋涡出现时,所向披靡,海上的舰船,九霄云空的飞机,都将被卷入海底,造成机、船失踪。那么,这么大的巨型湍流旋涡,究竟是怎样形成的呢?这个问题,还有待于人们去进一步探索。

📖 **知识链接**

百慕大三角

百慕大三角是地球上最具传奇色彩的区域之一,传闻中曾有一连串的飞机、航船在此失踪。以至于百慕大三角已经成为那些神秘的、不可理解的各种失踪事件的代名词。不过,科学家的勘查船却勇敢地闯进了这片传说中的恐怖海域,发现它的海底世界其实像海洋其他地方一样生机勃勃、物种丰富,其中不少还是百慕大独有的新物种。

南极魔海威德尔海

科普档案 ●名称:威德尔海　●位置:南极半岛同科茨地之间　●气候:极地气候

> 一提起魔海，人们自然会想到大西洋上的百慕大"魔鬼三角"，然而在南极，也有一个魔海，这个魔海虽然不像百慕大三角那么贪婪地吞噬舰船和飞机，但它的"魔力"足以令许多探险家视为畏途，这就是威德尔海。

　　一提起魔海，人们自然会想到大西洋上的百慕大"魔鬼三角"，这片凶恶的魔海，不知吞噬了多少舰船和飞机。然而在南极，也有一个魔海，这个魔海虽然不像百慕大三角那么贪婪地吞噬舰船和飞机，但它的"魔力"足以令许多探险家视为畏途，这就是威德尔海。

　　威德尔海是南极的边缘海，南大西洋的一部分。它位于南极半岛同科茨地之间，宽度在550千米以上。它因1823年英国探险家威德尔首先到达于此而得名。魔海威德尔海的魔力首先在于它流冰的巨大威力。南极的夏天，在威德尔海北部，经常有大片大片的流冰群，这些流冰群像一座白色的城墙，首尾相接，连成一片，有时中间还漂浮着几座冰山。有的冰山高一两

□魔海威德尔海

百米,方圆二三百平方千米,就像一个大冰原。这些流冰和冰山相互撞击、挤压,发出一阵阵惊天动地的隆隆响声,使人胆战心惊。船只在流冰群的缝隙中航行异常危险,说不定什么时候就会被流冰挤撞损坏或者驶入"死胡同",使航船永远留在这南极的冰海之中。1914年英国的探险船"英迪兰斯"号就被威德尔海的流冰所吞噬。

在威德尔的冰海中航行,风向对船只的安全至关重要。在刮南风时,流冰群向北散开,这时在流冰群之中就会出现一道道缝隙,船只就可以在缝隙中航行,如果一刮北风,流冰就会挤到一起把船只包围,这时船只即使不会被流冰撞沉,也无法离开这茫茫的冰海,至少要在威德尔海的大冰原中待上一年,直至第二年夏季到来时,才有可能冲出威德尔海而脱险。但是这种可能性是极小的,由于一年中食物和燃料有限,特别是威德尔海冬季暴风雪的肆虐,使绝大部分陷入困境的船只难以离开威德尔这个魔海,它们将永远"长眠"在南极的冰海之中。所以,在威德尔及南极其他海域,一直流传着"南风行船乐悠悠,一变北风逃外洋"的说法。直到今天,各国探险家们还遵守着这一信条,足见威德尔海的神威魔力。

在威德尔海,不仅流冰和狂风对人施加淫威,而且鲸群对探险家们也是一大威胁。夏季,在威德尔海碧蓝的海水中,鲸鱼成群结队,它们时常在流冰的缝隙中喷水嬉戏，别看它们悠闲自得，其实凶猛异常。特别是逆戟鲸，是一种能吞食冰面任何动物的可怕鲸鱼，是有名的海上"屠夫"。当它发现冰面上有人或海豹等动物时，会突然从海中冲破冰面，伸出头来一口吞食掉。以那细长的尖嘴，贪婪地吞噬海豹和企鹅，其凶猛程度，令人毛骨悚然。正是逆戟鲸的存在，使被困威德尔海的人难以生还。绚丽多姿的极光和变幻莫测的海市蜃楼，是威德尔海的又一魔力。船只在威德尔海中航行，就好像在梦幻的世界里飘游，它那瞬息万变的自然奇观，既使人感到神秘莫测，又令人魂惊胆丧。有时船只正在流冰缝隙中航行，突然流冰群周围出现陡峭的冰壁，好像船只被冰壁所围，挡住了去路，似乎陷入了绝境，使人惊慌失措。霎时，这冰壁又消失得无影无踪，使船只转危为安。有的船只明明在水中航行，突然间好像开到冰山顶上，顿时把船员们吓得一个个魂飞九霄。还有当晚霞映红海面的时候，眼前出现了金色的冰山，倒映在海面上，好像向船只砸来，给人带来一场虚惊。

在威德尔海航行，大自然不时向人们显示它的魔力，使人始终处在惊恐不安之中。经查实，才知是大自然演出的一场闹剧。正是这一场场闹剧，不知将多少船只引入歧途，有的竟为避虚幻的冰山而与真正的冰山相撞，有的受虚景迷惑而陷入流冰包围的绝境之中。威德尔海是一个冰冷的海，可怕的海，神奇莫测的海，也是世界上又一个神奇的魔海。

📖 知识链接

威德尔海

威德尔海之所以被探险家们视为"百慕大三角"，是因为在这里除了要面对流冰、狂风、鲸群这三大威胁之外，还要经受极光和海市蜃楼的考验。极光和海市蜃楼会让航行者的眼前不断出现幻象，以致频频撞上冰山。2005年，我国的"雪龙"号破冰船来到这里，完成了对这片海域的全面调查。

世界河王亚马孙河

科普档案 ●**名称:** 亚马孙河　　●**流域面积:** 6915000 平方千米　　●**长度:** 6751 千米

　　亚马孙河是当之无愧的"世界河王"。因其主要河段上没有任何险滩瀑布，更无冰期，干流和各大支流之间可以直接通航，整个水系可通航里程达 25000 千米。这样便利的航运条件，是世界上任何一条河流所望尘莫及的。

　　传说在希腊东面黑海沿岸、小亚细亚地区有一个由女人组成的部落王国。这个女儿国的成员个个崇尚武艺，骁勇异常。为传宗接代，她们与邻近的部落男子婚配，以后又把丈夫送回部落，生下婴儿如是女的就留下，由母亲抚养，长大后在狩猎和战争中培养成勇猛的女将，如果是男的或交还其父，或将其杀掉。1540 年，一支西班牙殖民者探险队为了在南美洲寻找传说

□ 美丽的亚马孙河

□亚马孙河发源地——安第斯山脉

中的"黄金国",翻过安第斯山,从一条称为"圣玛丽亚淡水海"的河流上游驾驭船只沿主航道向下游方向行驶到一片广阔无垠、繁茂浓郁的原始丛林,突然遭到一群手持利器的印第安女勇士的袭击,这立即使他们联想到了那时广为流传的亚马孙女儿国,从此这条大河就以亚马孙河命名了。

亚马孙河最西端的发源地是距太平洋不到 160 千米的安第斯山,入海口在大西洋。它浩浩荡荡,千回百转,蜿蜒流经秘鲁、巴西、玻利维亚、厄瓜多尔、哥伦比亚和委内瑞拉等国。

亚马孙河的上游约长 2500 千米,分为上、下两段。上段长约 1000 千米,落差达 5000 米;下段为两条巨大支流注入亚马孙河的两个河口之间的河段,因为进入亚马孙平原,流速缓慢,至末端河宽约 2000 米。亚马孙河中游流经秘鲁、哥伦比亚、巴西,全长约为 2200 千米。在巴西北部,亚马孙河水深 45 米,河宽 3000 米,流速缓慢;河中岛洲错列、河道呈网状分布,两岸河漫滩宽 30~100 千米。至中游末端,河宽至 11 千米,河深 99 米。亚马孙河下游长达 1600 千米,时而水深河宽,两岸阶地分明,地势低平,河漫滩上水网如织,湖泊星罗棋布,时而水面紧束,水流加快。在亚马孙河的入海口,河面宽达300多千米。它像是一个巨大的喇叭,为海潮入侵提供了方便。每当大西洋海潮入侵时,海水逆流而上,堵截了顺流而下的河水,形成1~2米的潮头。大潮时,常形成5米高的水墙逆流而上,其传至数千米之外,气势磅礴,景色壮观。当地人称为"亚马奴"。当涌潮翻腾而来时,河上的船只不分大小,都会被它打沉。

亚马孙河的流域面积达700多万平方千米,约占南美洲总面积的40%。1000多条支流汇成一体,使它每年泄入大西洋的水量达3800立方千米,相当于刚果河的三倍多,超过密西西比河10倍,是尼罗河的70倍;占世界河流入海总水量的1/5。据计算,亚马孙河在不到3小时内注入大西洋的淡水可满足一个450万人口的国家一年全部工农业生产和生活用水的需求。另外,亚马孙河的主要河段上没有任何险滩瀑布,更无冰期,干流和各大支流之间可以直接通航,这样就构成了一个庞大而便利的水上航运网。整个水系可通航里程达25000千米。这样便利的航运条件,是世界上任何一条河流所望尘莫及的。所以,亚马孙河是当之无愧的"世界河王"。

📖 **知识链接**

世界最长、最宽的河

多年来,国际地理学界一直认为埃及的尼罗河是世界最长的河流。但美国地质考察家经过反复测定,亚马孙河全长6751千米,超过了6600多千米长的尼罗河。这样,亚马孙河就拥有了多项世界第一。它不但是世界上流量最大、流域面积最广的河,同时也是世界上最长、最宽的河。

河流之父密西西比河

科普档案　●名称:密西西比河　　●流域面积:322 万平方千米　　●长度:6262 千米

　　密西西比河是美国第一大河。它同南美洲的亚马孙河、非洲的尼罗河和中国的长江同称为世界四大长河。它的名称起源于印第安人，他们把这条河流的上游叫作"密西西比"，意为"大河"或"河流之父"。

　　密西西比河是美国第一大河。它同南美洲的亚马孙河、非洲的尼罗河和中国的长江同称为世界四大长河。它的名称起源于印第安人，他们把这条河流的上游叫作"密西西比"。"密西"意为"大"，"西比"意为河，"密西西比"即"大河"或"河流之父"的意思。为什么印第安人把这条河叫作"河流之父"呢？

　　美国地形东西高，中部低，东边是阿巴拉契亚山地，西边是落基山脉，在这两列大山之间是坦荡辽阔的中部大平原。大平原东西两侧的山麓地

□ 密西西比河

带,发育了许许多多的河流,这些河流顺着地势向中部大平原流去,汇入密西西比河,构成了一片河网。它的主干从美国北部伊塔斯卡湖的沼泽地带发源,自北向南贯穿中部大平原,沿途接纳了许多支流之后流入墨西哥湾,全长3950千米。在流入密西西比河的众多支流中,较重要的有40多条,其中具有较大航运价值的有密苏里河、俄亥俄河、堪萨斯河、阿肯色河、田纳西河等。密苏里河从美国西北部黄石公园一带的高山雪场发源,流至圣路易斯附近注入密西西比河。由于它是密西西比河最长的一条支流,人们往往从它的上源开始计算密西西比河的长度,这样密西西比河就成了长达6262千米的世界四大长河之一;流域面积达322万平方千米,占美国领土面积的1/3以上。大大小小的许多支流汇集了丰富的降水,从东西两翼,朝着中央低地流下,使密西西比河常年河水滚滚,奔流不息,像乳汁一样抚育着密西西比河整个流域的人们,美国人民感恩于密西西比河的慷慨,将这个"河流之父"又尊称为"老人河"。

密西西比河投身于航运领域始于19世纪初期。1811年,"新奥尔良"号汽轮首航密西西比河,从河口溯源而上,开辟了3000千米航道。从此,内河运输量步步上升,最终成为美国南北航运的大动脉。它的干流可从河口航

□美国新奥尔良密西西比河上的大桥

行至明尼阿波利斯,航道长 3400 千米。除干流外,约有 50 多条支流可以通航。其中水深在 2.7 米以上的航道长 9700 千米。干支流通航总里程为 2.59 万千米,并有多条运河与美国五大湖及其他水系相连,构成一个巨大的水运网。现在的密西西比河年运输量在 10 亿吨以上,是长江的 3 倍。

历史上的密西西比河灾害比较频繁。20 世纪初期,中下游地段河水不断发生泛滥,城镇乡村的建筑大部分被摧毁,农田和果园遭到破坏,工业和交通几乎全部瘫痪。许多人背井离乡,流离失所,经济损失非常严重。但是今天,经过美国人民开发建设,半个世纪以来密西西比河流域发生了深刻变化,洪水已被控制,水源得到充分利用。如今处处是绿色的河岸,生气勃勃的工业城镇星罗棋布,繁忙的船队与轻快的游艇使美国这条源远流长的大河苏醒过来了,美丽富饶的密西西比河使美国的大地生辉增色,更加娇媚。

🔖 知识链接

密西西比河

密西西比河是世界第四长河,也是北美洲流程最长、水量最大、流域面积最广的河流。流域包括美国 31 个州和加拿大的两个省的全部或一部分。20 世纪 20 年代,百老汇音乐剧开先河的代表佳作《演出船》讲述了 1887 年密西西比河上一艘流动剧院船上发生的故事,该片中的名曲《老人河》唱出了源远流长的密西西比河及两岸人民的生活,在全世界流传了多年,至今不衰。

大地明珠湖泊

科普档案 ●地理概念:湖泊●分类:构造湖、火山口湖、堰塞湖、岩溶湖、冰川湖、风成湖、河成湖、海成湖等

在陆地表面上有一些周边高、中间低,能够蓄相当水量的天然洼地,我们称它为湖泊。湖泊因其换流异常缓慢而不同于河流,又因与大洋不发生直接联系而不同于海。作为"大地明珠",湖泊是地球陆地水的组成部分。

在陆地表面上有一些周边高、中间低,能够蓄相当水量的天然洼地,我们称它为湖泊。湖泊因其换流异常缓慢而不同于河流,又因与大洋不发生直接联系而不同于海。作为"大地明珠",湖泊是地球陆地水的组成部分,它有淡水的,也有咸水的,地球上全部淡水湖的水量约为全部地表水量的0.009%。我国习惯说的陂、泽、池、海、泡、荡、淀、泊、错和诺尔等都是湖泊之别称。

世界上的湖泊星罗棋布,它们像一颗颗晶莹的蓝宝石镶嵌在陆地表面,把地球点缀得更加绚丽多彩。那么湖泊是怎样形成的呢?众所周知,湖泊是由湖水和盛装湖水的湖盆构成的。因此湖盆是湖泊形成的基础。根据湖泊的成因,主要可分为以下几种类型。第一种是由于地壳运动,造成局部断裂或下陷,而积水成湖。这种湖叫构造湖,特点是湖水较深、湖面宽广。第二种是火山喷发后的火山口,天长日久,积水成湖。这样的湖叫火口湖。火口湖多呈圆形,湖岸陡峭,湖水也很深。第三种是由于熔岩流阻塞河谷形成湖泊,这类湖泊叫堰塞湖。第四种是河流或浅海泥沙的沉积湖,多分布在河流三角洲和沿海地带。第五种是由风力作用形成的湖泊,叫风成湖。这类湖泊一般面积较小,湖水较浅,随着水源的变动而移动,所以又叫游移湖。第六种是在石灰岩、白云岩等可溶性岩石地区,地下水的溶解作用形成的溶蚀湖。这类湖泊形如漏斗,湖面较小,排列分散凌乱。第七种是由冰川磨蚀

□火口湖

作用和冰碛物(随冰川运动被搬运和堆积下来的碎屑物质)堆积而成的冰川湖,其特点是形状多样,湖岸曲折。除此之外,还有一类特殊成因的湖泊,那就是人工修筑的水库。

从地质史的时间尺度来看,湖泊的寿命是短暂的。从最远古的地质时代以来,许多湖泊就无声无息地在大地上悄悄出现,又一个接着一个地渐渐变浅、渐渐缩小,最后一步步走向消亡。例如,古代华北平原上的几百个湖泊,从元代以后都逐渐淤塞成了平地,到现在只剩下白洋淀和几个较小的湖泊了。杭州的西湖从诞生到现在,只不过经历了2000多年,这在漫长的地质历史中,仅仅是短短的一瞬。可是到唐代的时候,已经被泥沙淤塞得快要变成平地了,幸好当时赶着挖掘湖泥,才把它的生命挽救下来。没有多久,到了五代和北宋的时候,西湖又两次面临着消亡的命运,都由于及时挖泥,才没有在周围美丽的山峰和园林中消失。

为什么一些湖泊的寿命总是这样短呢? 在气候湿润的地区,河水挟带着泥沙流入湖泊,由于水面突然变宽,水流速度减慢,泥沙在湖边沉积下来,形成浅滩。一部分细小的物质,随着水流漂到湖泊开阔的地方,沉淀到湖底。这样日积月累,就使湖泊变得越来越浅,并随着湖水深浅的不同,各种水生植物逐渐繁殖起来。在沿岸浅水区,生长着芦苇、香蒲;在较深的地带,往往生长着睡莲、浮萍、水浮莲;在湖泊的深处,生长着各种藻类。这些植物不断生长、死亡,大量腐烂的植物残体,不断地在湖底堆积,逐渐形成泥炭。随着湖底的逐渐淤浅,又有新的植物出现,并从四周向湖心发展,湖泊变得越来越小,越来越浅。当湖泊中的沉淀物增大到一定限度时,原先水面宽广的湖泊就变成浅水汪汪、水草丛生的沼泽了。

在干燥的地区,湖泊的消亡原因同湿润地区原则上没有什么不同。只是在这里,湖泊消亡得更迅速,许多巨大的湖泊常常因为河流改道或气候变迁,使来水减少,蒸发耗水增加,使"收支"不平衡。在干燥地区还有一部分风力作用搬来的流沙在湖中淤积。在盐类较多的湖中,还有盐类沉积,这就加快了湖泊逐渐变浅变小的进程,最后水分完全干涸,只剩下一片布满

□人工湖

□ 湖 泊

盐斑的洼地。湖泊的消亡，不仅减少了水产品的产量，还会使气候变坏，江河的水量得不到调节，增加水旱灾害，这些都给人类带来许多害处。因此，我们应该爱护湖泊，延长它的寿命。

📖 知识链接

湖 泊

　　湖泊的蓄水量不过是海洋的 1/5000 左右，但是它们有的可以调节河流水量，是良好的天然水库；有的能够蓄洪、灌溉、发电、养鱼和繁殖其他许多有用的水生生物；有的湖泊更是取用方便的盐库、碱库、硼砂库。此外，它们还可以改善气候，对人类的影响极大。因此，保护湖泊、保护湖泊生态环境，是人类的一项长期任务。

名不符实的里海

科普档案 ●**名称:** 里海　●**位置:** 中亚西部和欧洲东南端　●**面积:** 约 380000 平方千米

世界上有一些水域很有意思,它们虽然叫海,却名不符实,世界上最大的湖——里海就是这样的水域。里海南北狭长,形状略似"S"形,南北长约 1200 千米,是世界最长及唯一长度在千千米以上的湖泊。

世界上有一些水域很有意思,它们虽然叫海,却名不符实,世界上最大的湖——里海就是这样的水域。

里海位于亚欧大陆腹部,亚洲与欧洲之间,东、北、西三面湖岸分属土库曼共和国、哈萨克斯坦共和国、俄罗斯联邦共和国和阿塞拜疆共和国,南岸在伊朗境内。它南北狭长,形状略似"S"形,南北长约 1200 千米,是世界最长及唯一长度在千千米以上的湖泊。东西平均宽约 320 千米,湖岸线长约 7000 千米,面积约为 380000 平方千米,大小几乎与波罗的海相当,相当于全世界湖泊总面积的 14%,是世界上最大的湖泊,也是世界上最大的咸水湖。里海是一个地地道道的内陆湖,那为什么又被称为"海"呢?

□里　海

□世界上最大的湖——里海

里海有一些与海洋相同的特点,首先是里海的湖水盐分很高。里海位于荒漠和半荒漠环境之中,气候干旱,蒸发非常强烈。据统计,里海每年的进水总量为338.2立方千米,而每年的耗水量则为361.3立方千米,进得少,出得多,出现了入不敷出的"赤字",湖水水面必然会逐步下降。1930年湖的面积为42.2万平方千米,到1970年已经缩小到37.1万平方千米了。因为水分大量蒸发,盐分逐年积累,湖水也越来越咸。由于北部湖水较浅,又有伏尔加河等大量淡水注入,所以北部湖水含盐度低,为0.2‰,而南部含盐度高达13‰。因此,里海水像海水一样既咸又苦。其次,里海会产生狂风巨浪。在巴库和克拉斯诺伏斯克之间的开阔湖面上,常发生高达4~6米的波浪。吹南风时,巨大的波浪,从里海南部和中部的广阔地段进入浅水地段后,波浪缩短,变得险急。这时若暴风改变了方向,北风迎击南风吹来的波浪,于是产生了危险的激浪。更为有趣的是,里海中有海豹、鲑鱼等典型的海洋生物。这是因为里海与咸海、地中海、黑海、亚速海等原来都是古地中海的一部分,经过海陆演变,古地中海逐渐缩小,上述各海也多次改变它们的轮廓、面积和深度。所以,今天的里海是古地中海残存的一部分,地理学家称为"海迹湖"。因此,人们就把这个世界上最大的湖称为"里海"了。

里海是仅次于波斯湾、俄罗斯西伯利亚的世界第三大油气产区,已探明的石油储量约有 100 亿吨。由于尚未进行过大规模开采,而且探明储量有可能进一步增加。因此,里海被认为是 21 世纪的"第二个波斯湾"。1991年以前,里海一直被认为是苏联和伊朗的内湖。两国联合管理并使用里海及其资源,在各自认定的区域内进行经济开发。1991 年 12 月苏联解体,里海沿岸国家由两个变成了 5 个。这 5 个国家,尤其是阿塞拜疆、哈萨克斯坦、土库曼斯坦等新独立国家,均希望在里海油气开发中多占到一些份额,于是,里海到底是湖还是海的问题又随之而生。俄罗斯和伊朗认为里海是一个湖,阿塞拜疆和哈萨克斯坦则认为里海是一个海。

里海究竟是海还是湖的争论其实质是对里海的资源之争。根据《国际法》,如果是海,那就应按有关规定分割,各沿岸国有权得到自己的份额,自行支配;如果是湖,那就属于沿岸国家的共同财产,任何开发工作都应通过共同协商,兼顾各方利益。里海究竟是海还是湖? 围绕这个问题,里海沿岸国家的争论至今也未达成共识。

🔲 **知识链接**

里海鲟鱼

里海水域非常适宜鲟鱼生长,历来被视为水产珍品的鱼子酱正是利用鲟鱼子制作的,世界上主要鱼子酱产地就集中在里海沿岸。近年来由于开采里海周边的石油和天然气,已造成里海环境污染严重,导致大批鲟鱼死亡。

神秘莫测的死海

科普档案 ●**名称:**死海　　●**位置:**约旦和巴勒斯坦交界　　●**面积:**约 800 平方千米

死海虽名为"海",实际上是一个内陆湖泊,湖底最低的地方,低于海平面790 多米,是世界大陆上的最低点。它南北长 75 千米,东西宽 5~16 千米,面积约 800 平方千米,相当于中国最大的咸水湖青海湖的 1/4。

死海地处约旦和巴勒斯坦之间南北走向的大裂谷地带中段,湖底最低的地方,低于海平面790 多米,是世界大陆上的最低点。死海虽名为"海",实际上是一个内陆湖泊。它南北长 75 千米,东西宽 5~16 千米,面积约 800 平方千米,相当于中国最大的咸水湖青海湖的 1/4。

关于死海,有这样一个非常有趣的故事。公元 70 年,罗马统帅提图斯进军耶路撒冷,攻到死海时,他下令将俘获的奴隶带上镣铐,投入死海,处以死刑。但被投入死海的奴隶们,不但没有沉到水里淹死,反而被波浪冲回到岸边。提图斯十分气恼,再次下令把俘虏们扔进海里,海浪又一次将奴隶们送回到岸边,奴隶们依旧安然无恙。面对此情此景,提图斯十分惊慌,他以为奴隶们是受到神灵的保佑,才屡淹不死的,于是就下令赦免并全部释放了这些奴隶。大家都知道,世上本没有神灵,战俘们能浮在死海的水面上,是由于死海的盐度高,湖水比重大于人体比重造成的。正是这特殊的地理因素,才救了俘虏们的性命。

死海湖水的含盐度为一

□ 死　海

般海水的 6~7 倍,位居世界盐湖之首。希伯来语称死海为"盐海"。由于湖中含盐量大,湖岸土壤也富含盐分。植物在湖中难以生存,约旦河的鱼一接触到死海的水就死亡,水中无鱼,以鱼为食的鸟自然也不飞到这里来了,就连四周湖岸上草木也难以生长,因此人们称它为"死海"。据测算,死海的食盐蕴藏量可以供给 40 多亿人食用 2000 年。

死海为什么含盐量如此之大?这是因为死海附近地形闭塞,虽有约旦河从北面注入,哈萨河从东南流进,但因死海没有出口,不能换水,而且附近气候干燥炎热,蒸发旺盛,降水量少,淡水一到这里就立刻蒸发,而河流源源不断带进来的盐类物质却留在湖中,因而使它成为世界上最咸的湖。

由于以色列和约旦竞相截取约旦河水用于灌溉,死海水位不断下降,水源日趋枯竭。尤其是死海的南湖,自 20 世纪 50 年代末至 80 年代初,水面已下降了 10 米,面积由原来的 243 平方千米缩小到 1982 年的 80 平方千米。死海总有一天会真的"死"去。然而,科学家们最近惊奇地发现,死海不仅不会"死",反而会"活"得更好。首先,科学家们在死海水中发现了一种红色小生物——盐藻,其数量之多,每立方米达到 2000 亿个以上;同时还发现一种单细胞藻类植物正在悄悄地诞生,这给死海带来了生机。另外,科学家们指出,死海在地质构造上处于东非—西亚裂谷带的北端,这个大断裂带正在幼年时期,地壳十分脆弱,目前正以每年 2 厘米的速度不断向外扩展,它的底部与红海断裂带相连,红海的海水通过底部的裂谷流入死海。这样,死海从底部得到新鲜"血液"的补充,水源会更充足,"活"得会更壮实。

📖 **知识链接**

死 海

　　死海是世界上最早的疗养胜地。这里的海水含盐量高,海底的黑泥含有丰富的矿物质和硫化物,有保温、清洁皮肤、减轻关节痛等特殊功效。此外,死海上空有矿物质丰富的大气,含有镁、钠、钾、钙和溴。溴以其具有镇静疗效而闻名,它在死海周围空气中的密度比在地球其他任何地方高出 20 倍。

水下奇迹贝加尔湖

科普档案 ●名称:贝加尔湖　　●面积:55700 平方千米　　●气候:北冰洋气候

> 贝加尔湖是亚欧大陆最大的淡水湖，也是世界上最深和蓄水量最大的湖。贝加尔湖湖形狭长弯曲，总蓄水量 23600 立方千米，约占全球淡水湖总蓄水量的 1/5，比整个波罗的海的水量还要多，因而获得了"世界之井"的美誉。

　　世界上有七大奇观，现在，国际塞达姆环保组织的一批海洋专家又评出了世界水下七大奇迹，这其中就包括位于俄罗斯东西伯利亚南部的贝加尔湖。

　　"贝加尔"意为"天然之海"，是亚欧大陆最大的淡水湖，也是世界上最深和蓄水量最大的湖。贝加尔湖湖形狭长弯曲，长 636 千米，平均宽 48 千米，最宽 79.4 千米，面积 31500 平方千米，平均深度 730 米，最深点 1620 米，湖面海拔 456 米，总蓄水量 23600 立方千米，约占全球淡水湖总蓄水量的 1/5，比整个波罗的海的水量还要多，因而获得了"世界之井"的美誉。那

□美丽的贝加尔湖

□贝加尔湖

么这口"井"到底有多大呢？据测算，假如贝加尔湖不增加一滴水，那么安加拉河需要川流不息400年，才能把贝加尔湖的湖水排尽；假如全世界的河流都注入贝加尔湖，则需要300多天才能把湖盆填满；假设贝加尔湖是世界上唯一的水源，其水量也够50亿人用半个世纪。与庞大的淡水资源相比，贝加尔湖水的洁净度也同样令人称奇。这是因为贝加尔湖特产的虾类每天可以把湖面以下50米深的湖水过滤七八次，所以湖水相当"纯净"。

贝加尔湖是世界上最"老"的湖泊。世界上绝大多数的淡水湖都比较"年轻"，"年龄"一般不超过2万岁，但贝加尔湖却是个例外，有2500万岁的"高龄"。早在2500万年以前，贝加尔湖湖底为沉积岩。4世纪初，一次造山运动形成了贝加尔湖周围的山脉。同时，结束了该湖地质上的下沉历史，至此，贝加尔湖湖区地貌基本形成。贝加尔湖区下面一直存在巨大的地热异常带，频繁的火山、地震改变着局部地区的地貌。据记载，1862年1月在湖区东岸发生过一次里氏10级地震，形成了一些"海湾"。贝加尔湖最深的普罗瓦尔湾，就是那次地震的产物。据估计，贝加尔湖湖区每年有大、小地震约2000次。

贝加尔湖渔业资源丰富，素有"富湖"之称。湖中有水生动物1800多种，其中1200多种为特有品种。1988年起，苏联和美国的科学家联合对该湖进行了新的考察和研究，获得了许多有趣的发现。其中之一是发现湖水深1500米处还有生命存在，而其他的湖水深300米处就已无生命现象。贝加尔湖1500米深处含氧量竟高达75%，而其他湖水深300米处含氧量已不足以维持生命。科学家认为，这可能与贝加尔湖水层之间换位、环流有关。正常的湖水一年环流两次，贝加尔湖中湖水的"循环"却缓慢异常，耗时约8年。科学家认为，是这个极为缓慢的湖水环流节奏使那些适应了该湖特殊条件的生命得以生存和繁衍,而且它们已不受干扰地存在了250万年。

　　贝加尔湖虽远离海洋数千千米,自古以来从未与海洋相通,又是一个淡水湖,但科学家却发现贝加尔湖中生活着通常只生活在海洋中的生物种类,如海绵、菌类、寄生虫、虾、蜗牛等,甚至连生活在北冰洋海域的海豹竟然也在这高山湖泊中繁衍生存,海豹是怎样来到湖中定居的呢? 很久以前,在贝加尔湖的渔民中间有过一种传说:贝加尔湖的湖底有一条水道与北冰洋相连,海豹正是通过这个水道"游"到这里来的。但这种说法根本经不起分析。首先,贝加尔湖是淡水湖,而大洋中的水是咸水,两地的海拔高度也相差很大;其次,海豹是哺乳动物,只能依靠肺部呼吸,它们一次潜水的最长时间不会超过半小时。现在科学界普遍认为,贝加尔湖的海豹的确应该来自于北冰洋,但它们应该是经叶尼塞河及其发源于贝加尔湖的支流——安加拉河来到贝加尔湖的。在遥远的冰河时代,叶尼塞河和安加拉河流域长期被冰雪覆盖,河床变深,生活在北冰洋地区的海豹活动范围向南部不断扩大,海豹经过上千米的长途旅行而来到贝加尔湖。而当冰期结束,河水流量大减,河床变浅,这些来自远方的客人只好滞留此处,并逐渐演变成为世界上独一无二的淡水海豹。

　　科学家还发现贝加尔湖底有洞穴和裂缝,地底热气从这些洞、缝中不断泄漏出来,致使附近的水温增至10℃左右——此种"水底温泉"仅在海洋中才有,以前在任何淡水湖中均未发现过。据此,科学家认为,贝加尔湖有渐渐变"海"的趋势。

📖 知识链接

贝加尔湖的未来

　　2005 年,中国和俄罗斯科学家联合对素有"天然实验室"之称的贝加尔湖进行了大规模的考察。专家们通过对贝加尔湖地理、地貌发展变化及其他因素综合分析后认为,按照贝加尔湖地理发展轨迹,几亿年后,它极有可能变成一片汪洋大海。

大地伤疤东非大裂谷

科普档案　●名称:东非大裂谷　　　●长度:6000 千米　　　●宽度:35～55 千米

> 在东非高原上,自南向北贯穿着一条又长又深的裂谷,这就是世界上最长的大地裂谷带——东非大裂谷。裂谷宽度只有 35~55 千米,两侧陡峭的谷壁却高出谷底达 1000~2000 米,它曾被一些地质学家称为"地球上的伤疤"。

在东非高原上,自南向北贯穿着一条又长又深的裂谷,这就是世界上最长的大地裂谷带——东非大裂谷。

在地球表面上,没有比东非大裂谷更奇异的地方了。这里就像被人用刀深深地划开一条长口子,它南起赞比西河口,向北穿过东非高原、埃塞俄比亚高原,经红海、亚喀巴湾,伸入约旦河河谷。长度大约 6000 千米,在马拉维湖附近分出一支,途经坦噶尼喀湖、基伍湖、阿明湖、蒙博比湖。裂谷宽度虽只有 35~55 千米,两侧陡峭的谷壁却可以高出谷底达 1000~2000 米,它曾被一些地质学家称为"地球上的伤疤"。

□东非大裂谷

□世界上最长的大地裂谷

　　是什么力量造就了这一蔚为壮观的巨大裂谷呢？据地质学家考察研究认为，大约在 3000 万年以前，由于强烈的地壳断裂运动，使同阿拉伯古陆块相分离的大陆漂移运动而形成这个裂谷。那时候，这一地区的地壳处在大运动时期，整个区域出现抬升现象，地壳下面的地幔物质上升分流，产生巨大的张力，正是在这种张力的作用之下，地壳发生大断裂，从而形成裂谷。由于抬升运动不断地进行，地壳的断裂不断产生，地下熔岩不断地涌出，渐渐形成了高大的熔岩高原。高原上的火山则变成众多的山峰，而断裂的下陷地带则成为大裂谷的谷底。

　　东非大裂谷带是大陆上最活跃的火山带和地震带，共拥有 10 多座活火山和 70 多座死火山，结果就出现了悬殊不同的奇异的地貌形态。一方面，是非洲大陆上地势最低的深沟，有几个湖泊的水面甚至低于海平面：吉布提的阿萨尔湖面高度为 –150 米，是非洲大陆的最低点；亚洲的太巴列湖面为 –209 米；死海 –392 米，是世界上湖面最低的地方。还有几个湖泊的深度，也创世界纪录。坦噶尼喀湖深 1435 米，马拉维湖深 706 米，分列世界第二和第四深湖。如果把它们抽干，它们的湖底将分别低于海平面 653 米和 243 米。另一方面，沿裂隙涌上来的熔岩流，构成裂谷两岸宏伟的俄塞俄比亚高原和东非高原,前者海拔 2000~3000 米,为非洲最高部分,素有"非洲屋脊"之称。高原面上还遍布高大壮观的火山锥;乞力马扎罗山海拔 5895 米,夺非洲高峰之冠;肯尼亚山海拔 5199 米,屈居第二。雪峰与碧波相互映照,显得格外神奇。

东非大裂谷是人类文明最早的发祥地之一,20 世纪 50 年代末期,在东非大裂谷东支的西侧、坦桑尼亚北部的奥杜韦谷地,发现了一具史前人的头骨化石,据测定分析,生存年代距今足有 200 万年,这具头骨化石被命名为"东非人"。1972 年,在裂谷北段的图尔卡纳湖畔,发掘出一具生存年代距今已经有 290 万年的头骨,被认为是已经完成从猿到人过渡阶段的典型的"能人"。1975 年,在坦桑尼亚与肯尼亚交界处的裂谷地带,发现了距今已经有 350 万年的"能人"遗骨,并在硬化的火山灰烬层中发现了一段延续 22 米的"能人"足印。这说明,早在 350 万年以前,大裂谷地区已经出现能够直立行走的人,属于人类早期的成员。

知识链接

1 亿年后的东非裂谷

近 1000 万年来,东非裂谷仍然向两侧扩张,到近 200 万年来,平均扩张速度为每年 2~4 厘米。有人估计,照这样的速度发展下去,1 亿年以后,东非裂谷将出现一个新的"大西洋"。

世界屋脊青藏高原

科普档案 ●名称：青藏高原　　●面积：200多万平方千米　　●平均海拔：4500米

> 我国的西南有一片高耸辽阔的大高原——青藏高原。它北起昆仑山，南至喜马拉雅山，西迄喀喇昆仑山，东抵横断山，总面积超过200万平方千米，平均海拔为4500米左右，是世界上最高的高原，素有"世界屋脊"之称。

　　世界闻名的青藏高原究竟是怎样形成和演化的？这是多少年来科学界探讨的主题。据科学家分析，在2.8亿年前，现在的青藏高原是波涛汹涌的辽阔海洋。这片海域横贯现在欧亚大陆的南部地区，与北非、南欧、西亚和东南亚的海域沟通，称为"特提斯海"或"古地中海"，当时特提斯海地区的气候温暖，成为海洋动、植物发育繁盛的地域。其南北两侧是已被分离开的泛大陆，南边称冈瓦纳大陆，包括现在的南美洲、非洲、澳大利亚、南极洲和南亚次大陆；北边的大陆称为欧亚大陆，也称劳亚大陆，包括现在的欧洲、亚洲和北美洲。

　　2.4亿年前，由于板块运动，分离出来的印度板块以较快的速度向北移动、挤压，其北部发生了强烈的褶皱断裂和抬升，促使昆仑山和可可西里地区隆生为陆地，随着印度板块继续向北插入古洋壳下，并推动着洋壳不断发生断裂，约在2.1亿年前，特提斯海北部再次进入构造活跃期，北羌塘地区、喀喇昆仑山、唐古拉山、横断山脉脱离了海浸；到了距今8000万年前，印度板块继续向北漂移，又一次引起了强烈的构造运动。冈底斯山、念青唐古拉山地区急剧上升，藏北地区和部分藏南地区也脱离海洋成为陆地。整个地势宽展舒缓，河流纵横，湖泊密布，其间有广阔的平原，气候湿润，丛林茂盛。高原的地貌格局基本形成。

　　地质学上把这段高原崛起的构造运动称为喜马拉雅运动。青藏高原的

□青藏高原

抬升过程不是匀速运动，不是一次性猛增，而是经历了几个不同的上升阶段。每次抬升都使高原地貌得以演进。距今 1 万年前，高原抬升速度更快，以平均每年 7 厘米速度上升，使之成为当今地球上的"世界屋脊"。

"世界屋脊"上最壮观的景象首推喜马拉雅山脉，它西起阿富汗，东迄缅甸。包括世界上多座最高的山，有 110 多座山峰高达或超过海拔 7300 米。其中之一便是高达 8844.43 米的世界最高峰——珠穆朗玛峰。

在广为流传的藏族民间故事中，有这么一个关于喜马拉雅山区的传说。在很早以前，这里是一片无边无际的大海，海涛卷起波浪，搏击着长满松柏、铁杉和棕榈的海岸，发出哗哗的响声。森林之上，重山叠翠，云雾缭绕；森林里面长满各种奇花异草，成群的斑鹿和羚羊在奔跑，三五成群的犀牛，迈着蹒跚的步伐，悠闲地在湖边饮水；杜鹃、画眉和百灵鸟，在树梢跳来跳去欢乐地唱着动听的歌曲；兔子无忧无虑地在嫩绿茂盛的草地上奔跑……这是一幅多么美好、和平、安定的图景呀！有一天，海里突然来了头巨大的五头毒龙，把森林搞得乱七八糟，又搅起万丈浪花，摧毁了花草树木。生活在这里的飞禽走兽，都预感到灾难临头了。它们往东边跳，东边森林倾倒、草地淹没；它们又涌到西边，西边也是狂涛恶浪，打得谁也喘不过气来，正当飞禽走兽们走投无路的时候，突然，大海的上空飘来了五朵彩云，变成五位仙女，她们来到了海边，施展无边法力，降服了五头毒龙。妖魔被征服了，大海也风平浪静，生活在这里的鹿、羚、猴、兔、鸟等，对仙女顶礼膜拜，感谢她们的救命之恩。在众仙女想告辞时，怎奈众生苦苦哀求，要求她们留在人间为众生谋利。于是五仙女发慈悲之心，同意留下来与众生共享太平之日。五位仙女喝令大海退去，于是，东边变成茂密的森林，西边是万顷良田，南边是花草茂盛的花园，北边是无边无际的牧场。那五位仙女，变成了喜马拉雅山脉的五个主峰，即祥寿仙女峰、翠颜仙女峰、贞慧仙女峰、冠咏仙女峰、施仁仙女峰，屹立在西南部边缘之上，守卫着这幸福的乐园；那为首的翠颜仙女峰便是珠穆朗玛，她就是今天的世界最高峰珠穆朗玛峰，当地人民都亲热地称为"神女峰"。

1966年，我国科学家在珠峰附近进行科学考察时，发现了喜马拉雅鱼龙化石；1975年又发现了中国旋齿鲨珠峰种化石，这是在距今2亿~3亿年前称霸海洋的动物，这也说明在珠峰地区有过海洋的历史。

知识链接

青藏高原

青藏高原不仅是世界上海拔最高的高原，而且是世界上地质历史最年轻的高原。正因为它海拔最高、地质年代最年轻，而且还具有最为独特的自然环境，使青藏高原在全球环境变化中占有重要的地位，被各国地理学家和探险家称为地球的"第三极"。

沙漠的形成

科普档案 ●**地理概念:**沙漠　　●**特质:**地面完全被流沙覆盖、植物稀少、雨水稀少、空气干燥

沙漠指地表为流沙所覆盖,沙丘分布广泛的地区,其面积占陆地总面积的1/3。就自然界的原因来说,沙漠的形成有三个方面必不可少:风是制造沙漠的动力,沙是形成沙漠的物质基础,干旱是出现沙漠的必要条件。

沙漠指地表为流沙所覆盖,沙丘分布广泛的地区,其面积占陆地总面积的1/3。那么,大片的沙漠是怎么形成的呢?就自然界的原因来说,沙漠的形成有三个方面必不可少:风是制造沙漠的动力,沙是形成沙漠的物质基础,干旱是出现沙漠的必要条件。

风是制造沙漠的罪魁祸首,它吹跑了地面的泥沙,使大地裸露出斑驳的岩石外壳,或者仅仅剩下些散碎的砾石,成为荒凉的戈壁。那些被吹跑的沙砾在遇到阻拦或风力减弱时,掩盖在地面上,形成许多相连的沙丘,望过去好似波浪起伏的大海。这些沙丘,大小高低不一,一般有20~30米高。多数沙丘平面上呈月牙形,而且具有一致的排列方向,形成新月形沙丘。

□沙　漠

□撒哈拉大沙漠

　　戈壁是制造沙子的根源，供应沙漠扩张所需的最基本物质——沙。通常戈壁也包括在沙漠之内，由于那里极度的干燥和昼夜巨大的温差，使岩石风化成砾石，砾石又风化成大大小小的沙料，风又将沙吹跑，沙漠因而得以不断扩张、延伸。

　　地球上的沙漠几乎都分布在大陆的中部和西部，如北非的撒哈拉大沙漠、南非的卡拉哈利沙漠、南美洲的阿塔卡马沙漠、北美洲的莫哈维沙漠、澳大利亚中西部的澳大利亚沙漠、亚洲的阿拉伯沙漠、中国的塔克拉玛干沙漠、印度巴基斯坦的塔尔沙漠等。为什么会形成这种格局呢？这是由于南北 20 度~35 度纬线间，是副热带高压区。在这一地区，来自赤道的高空气流因纬圈缩小而促使空气下沉堆积、压缩导致增温。同时，本区大气下层由副热带高压区向赤道低压区常年吹信风。这种信风，在北半球是由东北吹向西南；在南半球则由东南吹向西北。这样，大陆东岸的水汽要吹到大陆中部或西部是十分困难的。所以在大陆中部和西部就造成了干而热的下沉气流。那里许多地方年降水仅为几十毫米，有些地方甚至多年不雨。相反，因干热而使蒸发十分旺盛，从而形成副热带沙漠环境。此外，南半球中纬度强大的西风漂流在流经非洲南部、澳大利亚南部和南美洲南部时，都被大陆阻挡而逆时针左转，分别形成非洲西岸的本格拉寒流和澳大利亚西岸的西澳寒流及南美洲西岸的秘鲁寒流。寒流所经海面,使低层大气变冷而趋于稳定,不容易产生降水,这也是非洲、澳大利亚、南美洲西岸多沙漠的原因之一。

气候条件固然是沙漠形成的主要原因,但人类活动也是形成沙漠不可忽视的一个重要原因。由于人类对土地的过度开垦和放牧,也会导致土地干旱和沙漠化的加速,形成了"人造沙漠"。据 1977 年联合国关于沙漠化会议的统计,全世界已受沙漠化威胁和将受沙漠化影响的土地达 3800 万平方千米,约相当于 4 个中国的国土面积。全球因沙漠化失去的土地,每年都高达 600 万公顷。地球上沙漠及沙漠化土地面积约有 4500 万平方千米,占土地面积的 35%。世界上 150 多个国家和地区中,至少有 2/3 受到沙漠化影响,15%的人口受到沙漠化的威胁。

🔷 知识链接

沙漠化

沙漠化可以说是自然界对人类不合理开发利用的惩罚。要改变人类的生态环境,我们必须要采取积极的办法遏制沙漠的扩张。通常风沙大肆活动的地区,都是气候干燥、地面缺少植物掩盖的地区,地上的泥沙才容易被风吹起来。因而要抑制沙漠扩张,人工绿化、植树造林是必不可少的措施。

发现地球之美

迪亚士与好望角

科普档案 ●名称:好望角　●位置:非洲西南端,大西洋与印度洋的汇合处

翻开世界地图,我们会发现,非洲大陆就像一个大楔子,深深地嵌在大西洋和印度洋之间。这个"楔子"的最尖端,就是曾经令无数航海家望而生畏的"好望角"。它是由葡萄牙航海探险家迪亚士于1488年发现的。

13世纪末,威尼斯商人马可波罗在他的游记中把东方描绘成遍地黄金、富庶繁荣的乐土,这引起了西方到东方寻找黄金的热潮。但奥斯曼土耳其帝国崛起以后,控制了马可波罗所经过的陆路,于是开辟一条连接东西方的航路就成了当时的海上强国葡萄牙的最大愿望。1487年8月,迪亚士奉葡萄牙国王若奥二世之命,率两艘轻快帆船和一艘运输船自里斯本出发,踏上了远征的航程。他的使命是探索绕过非洲大陆最南端,看看能不能找到通往印度的航线。

迪亚士出生于葡萄牙的一个王族世家,青年时代就喜欢海上的探险活动,曾随船到过西非的一些国家,积累了丰富的航海经验。15世纪80年代以前,很少有人知道非洲大陆的最南端究竟在何处。为了弄明白这一点,许多人雄心勃勃地乘船远航,结果都没有成功。迪亚士率船队离开里斯本后,沿着已被他的前几任船长探查过的路线南下。过了南纬22度后,他开始探索欧洲航海家还从未到过的海区。1488年1月初,迪亚士航行到达南纬33度区域附近。1488年2月3日,他到达了今天南非的伊丽莎白港。迪亚士猜测,自己可能真的找到了通往印度的航线。为了印证自己的想法,他让船队继续向东北方向航行。3天后,他们来到一个伸入海洋很远的地角。在这里,船队遇到了汹涌的海浪袭击,被风暴裹挟着在大洋中漂泊了13个昼夜。风暴停息后,对具体方位尚无清醒意识的迪亚士命令船队掉转船头向东航

□好望角

行，以便靠近非洲西海岸。但船队在连续航行了数日之后仍不见大陆。此时，迪亚上醒悟到船队可能已经绕过了非洲大陆最南端，于是他下令折向北方行驶。1488 年 2 月间，船队终于驶入一个植被丰富的海湾，船员们还看到土著黑人正在那里放牧牛羊，迪亚士于是将那里命名为牧人湾（即今南非东部海岸的莫塞尔湾）。迪亚士本想继续沿海岸线东行，无奈疲惫不堪的船员们归心似箭，迪亚士只好下令返航。1488 年 3 月 12 日，迪亚士的船队再次经过伸入海洋很远的那个地角时正值晴天丽日，他们下了船，在坚硬的岩石上用葡萄牙文刻下国王若奥二世的名字，以纪念第一次绕过非洲的航行。虽然他们没有到达印度，但去印度的航线已经打通，感慨万千的迪亚士据其经历将此地命名为"风暴角"。

1488 年 12 月，迪亚士回到里斯本后，向若奥二世国王汇报风暴角的历险经过。若奥二世认识到发现非洲南端的重要性，但对这个令人沮丧的名字极为不满，为了打通驶向东方的航道和鼓舞士气，他下令将"风暴角"改名为"好望角"，示意闯过这里前往东方就大有希望了。

1500 年 3 月，迪亚士又一次率领大型船队绕好望角航行。当船队到达好望角附近时，一阵飓风掀起狂浪，四艘大船被掀翻，迪亚士不幸葬身大海。

好望角被发现以后，就成为欧洲人进入印度洋的海岸指路标。但好望角常常出现"杀人浪",这种海浪前部犹如悬崖峭壁,浪高一般有 15~20 米,航行到这里的船舶往往遭难,因此,这里成为世界上最危险的航海地段之一,以致有"好望角,好望不好过"的说法。1968 年 6 月,一般名叫"世界荣誉"号的巨型油轮装载着 49000 吨原油,驶入好望角时,遭到了高 20 米的狂浪袭击,油轮就像一根木棍一样被巨浪折成两段后沉没了。据 20 世纪 70 年代以来的不完全统计,在好望角海区失事的万吨级航船已有 11 艘之多。在非洲南部的海图上,都有关于好望角异常大浪的警告。

好望角为什么有那么大的巨浪呢?水文气象学家探索了多年,终于揭开了其中的奥秘。好望角巨浪的生成除了与大气环流特征有关外,还与当地海况及地理环境有着密切关系。好望角正好处在盛行西风带上,西风带的特点是西风的风力很强,11 级大风可谓家常便饭,这样的气象条件是形成好望角巨浪的外部原因。南半球是一个陆地小而水域辽阔的半球,自古就有"水半球"之称。好望角接近南纬 40 度,而南纬 40 度至南极圈是一个围绕地球一周的大水圈,广阔的海区无疑是好望角巨浪生成的另一个原因。此外,在辽阔的海域,海流突然遇到好望角陆地的侧向阻挡作用,也是巨浪形成的重要原因。因此,西方国家常把南半球的盛行西风带称为"咆哮西风带",而把好望角的航线比作"鬼门关"。

📖 **知识链接**

好望角

好望角的发现是欧洲 15 ~ 17 世纪"地理大发现"的一件大事。在 1869 年苏伊士运河开通之前的 300 多年时间里,好望角航路成为欧洲人前往东方的唯一海上通道。现在每年仍有三四万艘巨轮通过好望角。

南方大陆探险史

科普档案 ●**名称**：澳大利亚　　●**国土面积**：769.2 万平方千米　　●**首都**：堪培拉

世界史上有两次"新大陆"的发现，一次是发现美洲；另一次是发现"南方大陆"。"南方大陆"中文音译为澳大利亚，这块孤独的大陆四面环海，所以直到 18 世纪后半期，仍游离在"世界"之外。

早在古希腊时代，就有人断言，南半球肯定有一个大陆，它也像北半球的大陆一样有人类居住，而且那里有不少人口众多的国家。2 世纪，古希腊天文学家、地理学家托勒密曾绘制出一幅极富想象力的世界地图。他在地图上的印度洋南面画了一块大陆，因为不知道名字，托勒密就叫它"未知南方大陆"。

多少年来，到达传说中的南方大陆，一直是所有地理学家和航海家的梦想。为了找到这座存在于世界尽头的大陆，无数航海家用充满曲折与巧合的离奇故事谱写出"南方大陆"的发现史。欧洲文艺复兴时期，托勒密的地图被重新"发现"，"未知南方大陆"成了探险家与航海家寻找的目标。1567 年 11 月 19 日，西班牙派出了第一支寻找"未知南方大陆"的探险队。航海家门达纳率领船队从秘鲁出航一直向西，在大洋上漂流了几个月，到达了他称为圣伊萨伯尔岛的一个小岛。在这里，他花了 6 个月进行勘察，发现这不是一块大陆，而是由许多小岛组成的一个群岛。门达纳虽然在岛上没有找到黄金，但他深信这里有黄金，因为在他看来这里的岛屿很像神话传说中所罗门国王金矿，故命名该群岛为"所罗门群岛"。返航后不久，门达纳含冤入狱，被关押了 18 年之久。长期的铁窗生活并没有挫伤门达纳的探险意志，1595 年出狱之后，门达纳再次率探险船远航去了所罗门群岛，宣布所罗门群岛为西班牙殖民地。此时，西班牙人其实已经站在了"南方大陆"

□所罗门群岛

——澳大利亚东北海域的外侧,只是他们还浑然不知。

1605 年,西班牙又派出了一个探险船队,领导这次探险的是曾经做过门达纳副手的基罗斯。他是一位极端虔诚的基督徒,渴望远航找到"南方大陆"以传播基督教义,扩大信徒。基罗斯根据他的航海见闻认定在辽阔无际的海洋里会有大陆存在,或许就是"未知南方大陆"。1605 年 12 月,基罗斯率探险船队扬帆起航。一天,他在瞭望台上看到了一片陆地,甚至看见了陆地上的高山峻岭。探险船队于 1606 年 5 月下旬靠岸,船员们纷纷上岸。基罗斯一行考察了这块陆地,发现这里森林茂密,有村落和不少土著居民。他认为这就是"南方大陆",之所以能到达这里是上帝指引的结果,故命名该陆地为"神圣的澳大利亚"。随后,基罗斯迫不及待地赶回西班牙报喜去了。他的助手托雷斯统率探险队继续探险。托雷斯在完成了对"神圣的澳大利亚"环绕航行后意识到,这块大陆的面积并不大,更像是一个群岛。他对基罗斯的探险结果提出了质疑。一个半世纪后,经英国航海家库克证实,托雷斯的判断是正确的,这只是一个面积为 1.2 万平方千米的群岛,即后来被库克命名为"新赫布里底"的群岛。

1602 年,当时的海上强国荷兰建立了荷兰东印度公司。该公司对寻找黄金极感兴趣,而当时传说南方大陆盛产黄金,因此当它在印尼站稳脚跟后,也派出探险船"杜夫根号"去寻找"未知南方大陆"。指挥这次探险的是威廉·扬茨。1605年11月18日,"杜夫根号"从爪哇岛起航,穿过密密麻麻的小岛一直向东行驶,进入了以前从未到过的海域。很快,扬茨用望远镜观察到了海岸线,一片新的土地出现在面前——那是新几内亚岛的南部海岸。在这里,扬茨和他的船员们遭到了一群土著人的袭击,8名船员被杀,剩下的人好不容易才回到了"杜夫根号"上。扬茨意识到他必须远离这块危险的海岸,于是转而向南,进入了一片开敞的海域。在绕经过了一个岛屿后,他们重新看到了陆地。在岸上勘察时,这些荷兰人遭到土著人袭击,扬茨不愿再使更多的人去冒生命危险,只好在他称为"基尔韦尔角"(回转角之意)的地方掉转船头回航。扬茨至死也不知道他其实已发现了"未知南方大陆",因为他经过的地方正是澳大利亚北部的约克角半岛。当时他还以为那里仍然是与新几内亚相连的一块土地。

扬茨的探险给荷兰人造成了一种错觉:新几内亚是"未知南方大陆"北部的一个半岛,而"未知南方大陆"则有可能会一直延伸到南极。在以后的几十年中,越来越多的荷兰探险家前往这里。到了17世纪40年代,基本上弄清了这里西部和北部的情况。但对西北海岸、南部和东部海岸尚未探查过,因此对整个南方大陆轮廓尚不明确,没有一个完整的概念。至于那里是否产黄金、当地居民状况如何、能否与之建立商业关系等问题更是一无所知。而这些问题是当时荷兰殖民者所急于搞清的。因此,荷兰东印度公司董事会在1642年做出了对"未知南方大陆"进一步探查的决定。1642年8月14日,荷兰航海家塔斯曼受命率船队从巴达维亚(今雅加达)出航,先在南印度洋航行,11月24日下午4点左右,看到了自他出航以来的第一块陆地,塔斯曼将该地命名为"范迪门陆地",并宣布占领该岛。离开范迪门陆地后,探险队东航,12月13日就远远看到了陆地,又航行了几天之后,发现了新西兰。新西兰即"海洋中的新陆地"之意。此后,塔斯曼去寻找所罗门群岛,但没有找到,却发现了友谊群岛及其他岛屿。船队离开友谊群岛北航,途中陆续发现了今斐济、新爱尔兰、新不列颠等群岛。1665年,荷兰殖民者宣布占领南方大陆的西部,并取名为"新荷兰"。但由于他们认为这里极度荒凉,土著居民极端落后和野蛮,更主要的是,他们在这里没有找到黄金,感到无厚利可图,因而放弃了对澳大利亚的进一步勘察与探险,也未向这里移民,"新荷兰"只是空叫了两百年。

对南方大陆的最终发现是由英国人库克完成的。1770 年 4 月 29 日,经过一年半时间的海上跋涉,库克率领英国探险队来到当时被称为"新荷兰"的岛屿附近,发现了山脉和树木,库克判断这也许是一片新大陆。库克利用上岸修船的机会,考察了当地的地理、气候和动植物。他认为这个地方适于人类的生存,所以他就将整个澳洲大陆的东海岸宣布为英国的领土,并命名为"新南威尔士"。至此,南方大陆的西、北、南、东均已发现。这是人类认识世界过程中一次重大的突破。自古以来的"未知南方大陆"之谜终于完全解开了。

📖 知识链接

澳大利亚

人们以锲而不舍、勇敢无畏的精神谱写了熠熠生辉的澳大利亚探险史。从 19 世纪 50 年代开始,这块曾经神秘的南方大陆上许多重要的金矿被一一发现。现在的澳大利亚是世界上唯一独占一个大陆的国家,面积居世界第六,占大洋洲陆地总面积的 85%。

两千年画出的经纬线

科普档案 ●**地理概念**:经纬线　●**定义**:连接南北两极的线叫经线;和经线相垂直的线叫纬线。

> 经纬网是由一组基本上互相垂直的经线、纬线构成的。这些线条是科学家们通过计算,在地球仪上或者在地图上画出的假想线。为了"画"这两条假想线,人类差不多花费了两千年的时间。

一座城市不论有多么大,有多少居民住户,邮递员总会找到各家各户的准确地址。人们先把城市分成若干区、若干街道,再把每户编上门牌号码,随便你找什么单位或住所,只要知道街巷名称和门牌号码,都能很快地找到。科学家们也是利用类似的方式,给地球表面假设了一个坐标系,这就是经纬度线。

经纬网是由一组基本上互相垂直的经线、纬线构成的。其实,并没有谁真正在地面上去画出这些线,而是科学家们通过计算,在地球仪上或者在地图上画出的假想线。但为了"画"这两种假想线,人类差不多花费了两千年的时间。

公元前334年,梦想征服世界的亚历山大大帝率军东征,随军地理学家尼尔库斯沿途搜索资料,准备绘制一幅"世界地图"。他发现沿着亚历山大东征的路线,由西向东,无论季节变换与日照

长短都很相仿。于是他第一次在地球上划出了一条纬线。这条线从直布罗陀海峡起,沿着托鲁斯和喜马拉雅山脉一直到太平洋。

大约在公元前 240 年,被称为"地理学之父"的古希腊学者埃拉托斯尼通过两地之间正午时分的太阳高度及三角学计算出了地球的周长。后来他画了一张有 7 条经线和 6 条纬线的世界地图。

120 年,古希腊天文学家托勒密综合前人的研究成果,认为绘制地图应以已知经纬度的定点做根据,提出地图上绘制经纬度线网的概念。为此,托勒密测量了地中海一带重要城市和观测点的经纬度,编写了 8 卷地理学著作,其中包括 8000 个地方的经纬度。

在托勒密之后的一千多年内,关于经度的问题一直没有获得重大进展。从 13 世纪起,欧洲的航海事业获得蓬勃发展。在这些大规模的航海活动中,由于要到达一些距离出发港口十分遥远的陌生地方,用罗盘、铅垂线及对船速的估计来确定这些陌生地方的地理位置,就很不准确了。1567 年,西班牙国王为解决海上经度测定问题,提供了一笔赏金。应征"西班牙经度奖"最有名的人物,当数意大利天文学家伽利略。他用自己制作的望远镜,发现了木星的卫星和卫星食现象。卫星食出现的时刻,对地球上任何地方的人来说几乎是相同的,因而就可以利用这一现象来测定两地的经度差,其原理同月食法是一样的。而且木星卫星食的现象,平均每个晚上可以发生一两次,比一年只有一两次的月食要常见得多,因此,只

□ 伽利略

要能对木星的卫星食现象做出准确预报，测定经度的问题也就基本解决了。1616 年，伽利略以这个方法向西班牙申请经度奖，但西班牙人对此不感兴趣。经过一番旷日持久的书信往来，到 1632 年，伽利略放弃了应征西班牙经度奖的念头。1642 年，伽利略与世长辞，他发现的测经度的方法再也无法付诸实现了。但是，人类在解决经度测定问题上，仍然朝着既定的目标在一步步迈进。

□荷兰天文学家惠更斯

　　1657 年，一个新的转折点出现了。著名的荷兰天文学家惠更斯发明了摆钟，从而为测定经度提供了高精度的计时仪器。1667 年，法国建立了巴黎天文台。英国也在 1676 年 9 月 15 日建成了格林尼治天文台。各国天文台的相继建立，为编制高精度的天体位置表铺平了道路。1757 年，船用六分仪问世。这是一种手持的轻便仪器，它可以测量天体的高度角和水平角。将所得结果与天文台编制的星表对照，就可以测定船舶所在地的当地时间，从而最终解决了海上船舶的经度测定问题。

　　人类虽然经过艰苦的努力最终找到了测定经度的方法，但这个领域的发展并没有就此止步。特别是进入 20 世纪后，随着卫星、激光、无线电等技术手段的出现，经纬度的测定正在朝着更高精度的方向发展。

　　现在地球上重要的经纬线包括本初子午线，日界线，赤道，南、北回归线，南、北极圈线，东经 160 度和西经 20 度线等。其中，本初子午线是地球经度的起点，本初子午线由此通过，世界时间由此开始计算。它位于英国伦敦城东南 8 千米处的格林尼治天文台，故国际标准时间称为"格林尼治时间"；日界线也就是国际日期变更线。国际上规定，把 180 度经线作为国际日期变更线,它是地球上新的一天的起点和终点。地球上的年、月、日更替,都从这条线开始;赤道线是地球南、北两部分的分界线,太阳在每年的春分(3月21日前后)和秋分(9月23日前后)两次直射赤道线。南、北回归线是太阳直射点能够到达地球最南或最北的界线(南、北纬23度26分),之后又将调头回归赤道。北回归线在我国穿越台湾、广东、广西和云南四省(区)。其中,台湾和广东两地都先后在其北回归线上建立有北回归线标志塔。南、北极圈线是指南、北纬66度34分的纬线圈。在极圈内,会出现太阳日夜不落的"极昼"现象和终日不见太阳的"极夜"现象;东经160度和西经20度线是地球东西半球的分界线。这两条线穿过的地区基本上是海洋。

知识链接

经纬度

地球上两个不同的地点,可以有相同的纬度或经度,但两者不可能完全相同。因此,地球上不同的地点、不同位置都可以用经纬度来表示。例如,问北京的经纬度大约是多少,我们很容易从地图上查出来是东经116度24分,北纬39度54分。根据经纬线可以确定方向,知道一个地点的经纬度,就可以在地图上找到它所在的位置。

本初子午线的意义

科普档案 ●**地理概念**：本初子午线 ●**定义**：地球上计量经度的起始经线，又称零度经线。

要画出一张世界地图，必须确定０度经线的位置。０度经线也叫本初子午线。在经历了一场长期的国际纷争之后，现在国际上把通过英国首都伦敦格林尼治天文台原址的那一条经线定为本初子午线。

要画出一张世界地图来，必须确定经度起算点，也就是０度经线的位置。有了它，世界各地的地理位置才能确定下来。０度经线也叫本初子午线。在经历了一场长期的国际纷争之后，现在国际上把通过英国首都伦敦格林尼治天文台原址的那一条经线定为本初子午线。

公元前２世纪，古希腊天文学家喜帕恰斯用他进行天文观测的地点——爱琴海上的罗德岛作为经度起算点。而其后的托勒密则用幸运岛为起算点，幸运岛位于大西洋中非洲西北海岸附近的加纳利群岛，当时人们

□巴黎天文台

□格林尼治天文台

认为这里就是世界的西部边缘。到中世纪时,各国通常都各自选择其首都或主要的天文台作为本初子午线通过的地方。英国将本初子午线定点在了圣保罗大教堂;法国刚开始选中了那利群岛,1667 年巴黎天文台建立后,零度经线又改设在了那里;17 世纪的荷兰地图上,零度经线是阿姆斯特丹威斯特教堂的南北轴;西班牙以西、葡分界的教皇子午线为零度经线;意大利地图上使用的零度经线则位于罗马;在中国,清政府确定以京城中轴线为零度经线。

由本初子午线不统一所造成的混乱,很早就引起了人们的重视,也屡次有人试图解决这个棘手的问题。1675 年,英国在伦敦附近建立了格林尼治天文台,并第一个研究出了简易测定航海中船舶方位的方法。1767 年,根据格林尼治天文台提供的数据绘制的英国航海历出版,这份航海历上的 0 度经线就是通过格林尼治天文台的经线。这个时候的英国,已是头号海上强国。英国出版的航海历自然也广为流传,并为其他国家所效仿。这意味着格林尼治已开始成为许多海图和地图的本初子午线。

1850 年,美国政府决定在航海图中采用格林尼治子午线取代通过华盛顿的 0 度经线作为本初子午线。1853 年,俄国海军宣布不再使用彼得格勒附近的普尔可夫天文台的 0 度经线编制航海历,而采用格林尼治子午线为本初子午线。到了 1883 年,除了法国之外,其余国家的地图几乎都采用格林尼治经线作为零度经线了。

1884 年 10 月 1 日,在美国的发起下,各国在华盛顿召开了国际子午会议。10 月 13 日,大会以 22 票赞成,1 票反对,2 票弃权通过一项决议:向全世界各国政府正式建议,采用经过格林尼治天文台子午仪中心的子午线,作为计算经度起点的本初子午线,作为计算地理的起点和世界标准"时区"的起点。这次大会的决议还详细规定,经度从本初子午线起,向东西两边计算,从 0 度到 180 度,向东为正,向西为负。这一建议后来为世界各国所采纳。不过法国人在自己国家发行的地图上,仍将本初子午线定在首都巴黎,直到 1911 年后才改为格林尼治线。

1953 年,格林尼治天文台迁址,但全球经度仍然以格林尼治天文台的原址为零点来计算。现在在那里有一间专门的房间,里面妥善保存着一台子午仪。它的基座上刻着一条垂直线,那就是本初子午线。线的两边分别标有"东经"和"西经"字样,表明这里就是划分东半球和西半球的界线。

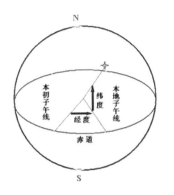

📖 **知识链接**

本初子午线

本初子午线的诞生,使全球有了统一的定位与计时标准。以本初子午线为标准,从西经 7.5 度到东经 7.5 度为零时区;从零时区的边界分别向东向西,每隔经度 15 度划分一个时区,东西各 12 个时区。相邻两时区的区时相差一小时。目前,全世界多数国家都采用以时区为单位的标准时,并与格林尼治时间保持相差整小时数。

古老的地图

科普档案 ●地理概念:地图 ●基本特征:遵循一定的数学法则,经过科学概括,有完整的符号系统

地图,在现代人的日常生活中已十分普及。那么,人类是何时开始使用地图的呢?有人推测,地图的起源比文字还要早。因为原始地图跟图画一样,把山川、道路、树木如实地画出来,是外出狩猎和出门劳作或旅行的指南。

地图,在现代人们的日常生活中已十分普及了,甚至到了出门必带地图的地步。那么,人类是何时开始使用地图的呢?地图的起源,有人推测比文字的起源还要早。因为原始地图跟图画一样,把山川、道路、树木如实地画进地图里,是外出狩猎和出门劳作或旅行的指南。

巴比伦泥块地图是目前已被发现的最古老地图,这张地图,与其说是一"张",不如说是一"块",因为它是刻画在泥块上的,距今大概有四五千年。考古学家推测当时的人是先在湿软的泥块上刻画上图像,再将它放在太阳下烤晒,硬化之后就成为泥块图。这一张泥块图上面,刻画的是巴比伦附近的一个城市,上面刻画着山脉、河谷及聚落。考古学家也发现了不同比例尺的泥块图,上面分别记载了街道、土地产权、城镇位置,乃至整个巴比伦地区。另外,科学家也发现这些地图是以十二进制的方式来记录数字的,跟我们目前所使用的十进制不同。

□巴比伦泥块地图

马绍尔群岛是位于太平洋中央的岛屿。西方学者们发现，在这些小岛上有一种由树枝和贝壳编织成的特殊图案。经研究发现，原来这是一张地图，每一个贝壳是用来表示附近海域的一个岛屿，枝条则是用来代表岛屿附近的风浪形态。这些太平洋上的岛民们为了航海探险

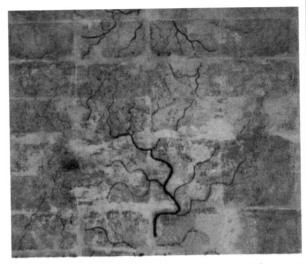

□最早的彩色帛绘地图

的需要，就地取材，以贝壳和椰子树树叶的梗条编织成地图，将各个岛屿及其间的风浪方向记录下来。这种地图是他们维持生存的重要工具，如果他们算错了方向或距离，可能就丧失了捕捞的机会，也可能迷失方向而永远回不了家。

因纽特人生活在北极地区。早期的因纽特人，利用河流中的漂木刻画出许多大小形状各不相同的小木块，并将木块漆上不同的颜色，而后再放到海狮皮上。这些木块分别表示岛屿、湖泊、沼泽、潮汐和滩地等。在19世纪末期发现的地图中，因纽特人已经用铅笔来画地图，虽然这些地图的绘制没有使用精密的测量仪器，但是地图上的河流曲折形态和数量却非常准确。从数学的角度来看，这些地图上的距离不甚精确，因为它们的长短和实际地面的距离并没有一定的比例。科学家后来发现地图上的距离是依照步行所需的时间来绘制的，这种距离其实是依据通行的困难程度所衍生的时间距离。

印第安壁画地图。美洲的印第安人也有一些具有特殊风格的地图。在印第安人绘制的地图上，地形资料出现的数量和类别比较少，准确度也不高。他们对于河流、山脉等自然环境的叙述并不是很重视，和因纽特人的地图有明显的差异。但是，在另一方面，他们的地图含有极强烈的图画性质，

记录了他们族群的生活史。这种地图事实上反映了印第安人对于历史性事件和社会性事件的关心。

千百年来，在我国民间就广泛流传着《河伯献图》的神话故事。传说大禹治水三过家门而不入的精神感动了河伯。河伯是黄河的水神，禹为治水踏遍山川、沼泽，突然一天看见河伯从黄河中走来，献出一块大青石，禹仔细一看，原来是治水用的地图。禹借助地图，因势利导，治水取得了成功。传说虽然不能证实地图起源的具体时代，但从侧面说明，约在四千年以前，我国先民已经开始使用地图了。据史籍记载，我国在夏代已经有了原始的地图。

1986 年，我国甘肃省天水放马滩秦墓出土的地图，是迄今为止我国发现的最早的一幅实物地图。放马滩出土的地图共七幅，分别绘在四块大小相等的木板上。据有关专家论证，它的绘制时间为公元前 300 年左右的战国后期，比我国保存至今、最早的传世地图——西安碑林中的《华夷图》和《禹迹图》早 1300 多年，比 1973 年湖南长沙马王堆出土的西汉图约早 300 年。该地图包括今甘肃天水伯阳镇西北的渭水流域和一部分放马滩周围水系。地图中有关地名、河流、山脉及森林资源的注记有 82 条之多。令人惊叹的是今天渭水支流及该地区的许多峡谷在该地图中都可以找到，与《水经注》一书的记载相符。图中标明的各种林木，如蓟、柏、楠、松等同今天渭水地区的植物分布和自然环境也基本相同。专家们认为，该地图的出土为我国先秦发达的地图学文献资料提供了实物佐证。

世界上现今发现的最早的军用地图，是 1973 年 12 月在我国长沙马王堆三号汉墓出土的彩色绢绘驻军图。这张图画在一幅绢帛上，比例尺约为 1:100000，图上

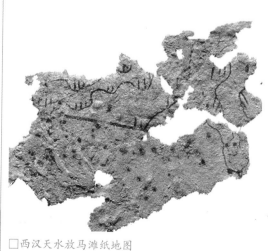
□西汉天水放马滩纸地图

分红、蓝、黑三种颜色。居民点用黑色圆圈表示，山脉用黑色"山"字形符表示，河流用青色表示，道路则用朱红色。这些地理要素均表示在第二层平面上，而且定位精确。在第一层平面上，突出表示军事部署：红色三角形城堡表示大本营，红黑两种套框表示九支军队的驻地、指挥点和关卡，红色线条区分防区的界线，层次分明，一目了然。据考证，这幅图是距今 2100 多年前汉文帝时绘制的。当时南粤王赵佗企图割据一方，破

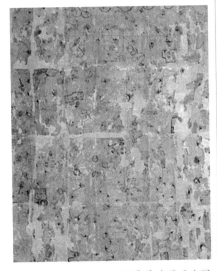

□ 最早的军用地图

坏国家统一。这幅地图体现了当时的战局形势和双方的兵力部署。用地图作为将军的殉葬品，充分反映出古代军事家对地图的重视。外国军事专家认为，这幅《驻军图》证明，两千年前中国军事科学已经有了很高的水平，对研究我国古代军事具有重要参考价值。

📖 知识链接

现代地图的表达方法

随着科学技术的发展，人类现在已经学会了使用种类繁多的地图，并且富有创造性地使用多个图层来表达现实世界。但现代地图中仍然沿用了许多古代地图的表达方法，如用双线表示道路、用文字做注记、用蓝色表示水体等。

北冰洋上的死亡大进军

科普档案 ●名称:北极　●位置:北纬 66 度 34 分北极圈以内的地区

16 世纪，欧洲人为了找到西方通向东方的最近航路，提出了两条大胆设想:一条沿北美洲的北岸走"西北航道";另一条沿亚欧大陆北岸走"东北航道"。于是，持续了大约 400 年的打通两条最近航路的死亡大进军开始了。

开辟西方通向东方的航路,是欧洲人梦寐以求的宏愿。因为在欧洲人的想象中,东方是人间乐土,无比富饶。达·伽马于 16 世纪初开通了从欧洲绕过好望角到达印度的航道;麦哲伦开通了从欧洲经由美洲最南端麦哲伦海峡,横渡太平洋驰向亚洲的航道。这些历史性的壮举沟通了东西方的贸易和联系,但是都绕了很大的弯道。能不能找到近路呢?

当时欧洲的地理学家提出了大胆的设想。他们认为有两条近路可走,一条沿北美洲的北岸走"西北航道";另一条沿亚欧大陆北岸走"东北航道"。于是,一场持续了大约 400 年的打通"西北航线"和"东北航线"的大进军开始了。

1500 年,葡萄牙人考特雷尔兄弟,沿欧洲西海岸往北一直航行到了纽芬兰岛。第二年,他们继续往北,希望寻找那条通往中国之路,但却一去不复返,成了为"西北航线"而捐躯的第一批探索者。

从 1594 年起,荷兰人巴伦支开始了他的 3 次北极航行。1596 年,他不仅发现了斯匹次卑尔根岛,而且创造了人类北进的新纪录。不幸的是,巴伦支不久后就由于饥寒劳顿死在了北极漂浮的冰块上。

1606 年,英国派出了两艘船探索西北航线,结果船长和 3 个水手被当地居民所杀,其他人仓皇逃回。四年后,受雇于商业探险公司的哈得孙驾驶着他的航船"发现"号再次向西北航道发起冲击,他们到达了后来以哈得孙的名字命名的海湾,但哈得孙却为此献出了宝贵的生命,他的22名探险队员后来有9人被冻死,5人被杀,1人病死,只有7人活着回到了英格兰。

1724年,彼得大帝决定组织一支航海探险队开赴北太平洋,探测亚洲大陆和北美大陆之间的海岸。这个重大的任务落到了海军准将、丹麦人白令的肩上。他花费了17年时间,克服了重重困难,查清了亚、美大陆之间并非是陆地相连,而是中间隔着一条海峡,证明了通过这里是大西洋到太平洋的最短航线。但是,这个年近60岁的探索者在完成了任务之后,却被困在了一个荒岛上,最终死于坏血病。在白令组织的两次探险航程中,共有100多人献出了生命。

1815年,英国及其盟军在滑铁卢战胜了他们最主要的敌人——不可一世的拿破仑;同时,在战争中,英军拥有了众多的舰艇并培养了大量的航海人才,于是,北极探险正式被提上议事日程。他们决心以此展示大英帝国在海上的霸主地位,并趁机扩大版图。1818年6月17日,由4艘舰队组成的北极探险队扬帆起航。此行虽然深入了兰卡斯特海峡达80.4千米处,但并未打通英帝国最为渴盼的西北航道。英国政府决定设立两项巨奖:2万英镑奖励第一个打通西北航线的人,5000英镑奖励第一艘到达北纬89度的船只。1819年,约翰·富兰克林爵士勇敢地接受了海军部之命,率领一支队伍从陆地进入北极地区,沿北冰洋岸行进了340千米,并绘制出地图。然而,此行并不顺利,10个队员饥寒交迫而死,富兰克林侥幸逃生,西北航道仍未打通。两次出师未果,使英国不敢再贸然行动。他们决心做好最充分的准备,以确保下次一举成功。20多年后,他们认为时机终于成熟了。勇于探险的舰艇不仅装备有当时最先进的蒸汽机螺旋桨推进器,在需要时还可以将这种螺旋桨缩进船体之内以便于清理冰块,而且还装备了前所未有的可以供暖的热水

□约翰·富兰克林爵士

管系统。人们认为，这种新式的舰艇完全可以冲破西北航线上的冰障。为了万无一失，经过精心甄选，海军再次任命已年近六旬的具有丰富的北极航行经验的富兰克林爵士来指挥这次意义重大的探险，而且为他选派了最有力、最干练的助手们。身负重任的富兰克林爵士也立即着手进行精心的准备。

1845年5月19日，富兰克林率领"埃及巴士"号和"特罗尔"号两艘当时最为先进的远行船只，装载了132名精心挑选出的经验丰富的船员和足以应付3年的供应物品，沿泰晤士河出发了。当时所有的人都认为，那两项巨额奖金肯定会被富兰克林的船队获得。然而自从7月下旬几位捕鲸者在北极海域看到过富兰克林的船队以后，他们便无任何音讯了。这次无一生还的探险行动是北极探险史上最大的悲剧。

1878年，芬兰籍的瑞典海军上尉潘朗德尔率领一个由俄罗斯、丹麦和意大利海军人员组成的共30人的国际性探险队，乘"维加"号等4艘探险船首次打通了东北航线。1905年，后来征服南极点的挪威探险家罗阿蒙森成功地打通了西北航线。他们的成功为寻找北极东方之路的努力画上了一个完满的句号。

📖 知识链接

征服北极

打通横贯北冰洋的黄金航道，是对人类的意志、智慧和体能极限挑战的勇敢者之路。一代代的探险家不是受阻于极地恶劣无比的多变气候和千里封冻的冰雪世界，便是葬身于冰山飘浮、酷寒难挡的死亡海域。然而，人类征服北极的决心并不会动摇。为了纪念那些先驱者的功绩，北冰洋有很多海域、海岛、海峡都是以他们的姓氏命名的。

用声音探索海洋

科普档案 ●名称：声呐 ●定义：利用水声技术测定海中物体的存在、运动方向、位置或性质的设备。

第一次世界大战期间，法国科学家发明了用声波来探测潜水艇的方法。在这种研究的基础上，人们进一步发展了音响测深法，以此来测量海洋的深度和海底地形。

在万顷碧波的覆盖之下，海洋底部是什么样子呢？海底被巨厚的海水所覆盖，肉眼是难以观察到的，那用什么办法才能看到海底的情况呢？你或许会说可以利用水下照相、水下电视摄像或水下探照灯，但这些只能使人们看到几米至几十米范围内的东西。那还有什么办法可以探测到较大范围的海底情况呢？

在古代，人们最早是用树棍、竹竿来测量水深，后来又发展为用绳索来测量水深。当年葡萄牙航海家麦哲伦率领的船队航行到南太平洋的土阿莫土群岛时，他把拴有坠子的 10 根缆绳（每根约 700 米）接起来探测海深，但是仍未到底。于是麦哲伦宣称，这里是世界海洋最深的地方。后来调查的结果，这里的深度有 5000 米。用缆绳测量海洋深度，测出的数字一般比实际深度大。这是因为装上坠子的缆绳放进深海后，由于中下层海流的作用，缆绳变成弓形，以致坠子碰到海底时，所放出的缆绳长度比实际深度大得多。后来，美国人威克斯船长和丹纳博士又改用铜索作为测量绳。在这期间，还存在其他的测深方法。比如有一个叫开尔文的人曾经发明了化学管测深法。原理是这样的：首先，他将一支玻璃管内壁涂上红色的物质铬酸银，然后用拴有重锤的测量绳带着这支玻璃管沉入海中。入水后，海水便从开口处涌入管内。海水与管壁的铬酸银发生反应，生成白色的氧化银。海水越深，压力就越大，进入玻璃管内的海水就越多，从而可以测得海底的最大水

□ 声 波

压,然后再根据物理学上的定律、公式,就很容易地由水的气压算出海水的深度。

在第一次世界大战期间,为了能够探测到德国潜水艇的位置,法国科学家发明了用声波来探测潜水艇的方法。那就是,向水中发射声波,并检查反射来的声波,这样来捕捉敌人的潜水艇。这种研究在当时曾经非常活跃。在这种研究的基础上,人们进一步发展了音响测深法,以此来测量海洋的深度和海底地形。

大家知道,当我们对着山丘或高大建筑物高声喊叫时,声音会在碰到它们之后反射回来,这就叫作"回声"。而声音在水中传播的性能和速度比在空气中传播得还要好、还要快。声音在空气中的传播速度是每秒340米,而在0℃水中是1500米。此外声波在水中的衰减比在空气中小,因此,声音在水中比在空气中传播得更远。声音在水中遇到障碍物之后,也会反射回来。这样,根据声波在水中的传播速度,只要测出声音从船上发射再反射到船上的时间,就能知道海的深度。这就是利用"回声"来测量海深的原理。但实际上,问题要比我们想象的复杂得多。这主要是由于,声波在海水中传播的速度不是固定不变的,它是随海水温度、盐度和水深的变化而变化的,也就是说,海水下面存在声速不同的水层。如在温度为0℃的海水里,声音每小时可跑5000多千米，比在空气中的传播速度快4倍多；在30℃的海水里，它每小时可以跑5600多千米；在含盐多的水里，声音传播的速度比在含盐少的水中要快。另外，声音在穿过声速不同的水层时，还会产生不同的折射。此外，声音碰到海底或障碍物也会拐弯，也就是说，声音在水中是沿着一条看不见的声道，弯弯曲曲前进的。这样，一种现代化的水声探测技术——声呐问世了。

实际上，声呐就是人们利用水声能量进行水下观测和通信的一种仪器。人们利用声呐发出的与航行方向相垂直的扇形声束，当声束到达海底遇到障碍物时，就会有很强的反射，而它们的背面由于声束照射不到，就会产生声影。当航行船继续前进，声束一道道地扫过，同时记录下反射和散射信号。根据这些信号，科技人员就可以看到海底的情况了。

📖 知识链接

海洋声学

时至今日，利用水下声波的最常用设备就是声呐。随着科学技术的不断发展，现在已经形成了一种研究声波在海洋中的传播特点和规律，并利用声波探测海洋的学科——海洋声学。海洋声学的研究不仅解开了许多海洋之谜，也为人类开发海洋、利用海洋提供了许多有效的途径。

亚美分界线白令海峡

科普档案 ●**名称：**白令海峡　　●**位置：**太平洋最北部　　●**面积：**230 万平方千米

白令海是太平洋最北部的海域，是沟通北冰洋与太平洋的咽喉要道。亚洲与北美洲的洲界、俄罗斯与美国的国界以及日界线（旧称国际日期变更线）都通过这里。这片海域和海峡因航海探险家白令而得名。

白令海是太平洋最北部的海域，介于亚洲与北美洲之间，西为俄罗斯西伯利亚东北部，东为美国的阿拉斯加，南界阿留申群岛，北经白令海峡与北冰洋相通。白令海东西宽约 2380 千米，南北长约 1580 千米。白令海峡最窄处仅 85 千米，是沟通北冰洋与太平洋的咽喉要道。亚洲与北美洲的洲界、俄罗斯与美国的国界及日界线(旧称国际日期变更线)都通过这里。这片海域和海峡因航海探险家白令而得名。

白令 1681 年出生在丹麦的一个普通人家。成年后，他参加了荷兰海军，进入当时被称为世界上最好的阿姆斯特丹海军学校学习。在穿越达·伽马航线远渡印度的航行中，白令充分显示出超凡的能力与坚忍不拔的毅力。1703 年，22 岁的白令来到了俄国，在海军服役。此时，俄国人已经到达了堪察加半岛，整个西伯利亚尽入俄罗斯版图。领土扩张欲望十分强烈的彼得大帝很想知道，欧亚大陆延伸到什么地方，是否与美洲大陆相连。1724 年，即将退役的白令突然接到了海军部探险的命令。白令此时正值中年，因他的勇敢精神和航海技术无人可比，毫无争议地成了这支探险队的指挥官，并擢升为上校。

1725 年年初，白令率领 400 人的探险队并携带 1600 吨装备从圣彼得堡出发，经过 3 年十分艰难的远征，探险队到达堪察加半岛。在近半年的准备之后，队员们登上刚刚完工的探险船"圣加夫里尔"号，在一片欢呼声

□白令海

中起锚出航了。在北进的航行中,探险队员陆续发现了一些海湾和一些岛屿,白令把其中一个大岛命名为"圣劳伦斯"岛。此后,探险船游弋在白令海峡中,越过了北纬67度。望着四周灰蒙蒙的大海,白令确信北美洲和亚洲并不相连。

1741年6月,白令再次率领探险队去考察北美洲。这次探险队拥有了两艘船,即白令指挥的"圣彼得"号和奇里科夫指挥的"圣保罗"号。起初两船一同前行,后来互相走失了。"圣彼得"号于7月驶入北美大陆沿岸。一天清晨,船头忽然有人叫喊:"快看,快看!陆地!"水手们从梦中惊醒,大家争先恐后地跑出船舱观看,映入他们眼帘里的是一幅壮丽的图画:海岸呈锯齿状,地上覆盖着厚厚的白雪;巨大的山脉延伸向内地,一座座山峰,巍然插入蓝天——这便是位于北美大陆的阿拉斯加。可是不久,探险队受到了败血症的威胁,白令决定放弃继续探测美洲。在返航的途中,探险队遭遇到恶劣天气的袭击而迷失方向,船只触礁,破损严重。全队无奈登上一座无名的小岛,困守待援。在艰苦的环境中,白令和许多水手都患上了败血病。1741年12月6日,白令不幸与世长辞。1981年人们发现了白令的坟墓,根据遗骨复原了他的真实容貌。

白令遗骨的发现,使俄罗斯拥有了阿拉斯加半岛的主权。此后,俄国皮毛商人在这里建立了村落。18世纪末,阿拉斯加正式成了俄国殖民地。1867

年,这片当年十分荒凉的冰天雪地,被沙皇以720万美元的价格卖给了美国。阿拉斯加转让不久,该地便发现了金矿,引起一场势头不小的"淘金热"。"二战"以后,美国为在此建立军事基地而大力开发该州。20世纪60年代,阿拉斯加又发现了北美最大的油田,产量约占全美总产量的1/7。同时,它又是日本和远东通往北美、北欧的交通要道,也是亚美两洲相距最近的地方,在战略上有重要地位。

白令海域蕴藏着丰富的水产和矿产资源。据统计,鱼类约有300种以上。捕捞对象主要有鲑鱼、比目鱼、绿鳕、海胆等,其中以鲑鱼和蛤科类产量最高。此外,还有珍贵的海狸、鲸等。按单位面积计,白令海是世界海洋鸟类最多的栖息地,也是世界上大叶藻产量最高的海区。矿产资源以石油蕴藏量较高,而且是一个开发潜力很大的矿区之一。

🛢 知识链接

白令海峡

白令海峡水深仅42米。据考证,1万年前这里曾是连接亚、美大陆的一座"陆桥"。人类和许多动植物,早先曾通过这里移居到美洲,而美洲的动物也从这里到亚洲"串门"。近年来,俄罗斯计划在白令海峡修建一条长达103千米的海底隧道,将俄罗斯大陆与美洲大陆"连接"起来。届时,人们完全有可能乘坐火车或汽车从中国北京到达美国纽约。

猜想地球未来

神秘地心的探索

科普档案 ●**地理概念:**地心　●**相关假说:**液态地核说,两种物质说,水晶说

法国科幻作家凡尔纳的《地心游记》,讲述了一场惊心动魄的地心漫游记。小说一经面试即引起轰动,成为几代科幻迷心目中的经典。那么,地球内部真的有个地下王国吗? 地球内部是否存在另外一个世外桃源?

法国科幻作家凡尔纳的《地心游记》,讲述了一场惊心动魄的地心漫游记。小说一经面试即引起轰动,成为几代科幻迷心目中的经典。地球内部真的有个地下王国吗? 地球空心说有科学基础吗? 地球内部是否存在另外一个世外桃源?

1946 年,英国科学家威尔金斯断定,由史前文明人开辟建造的地下长廊首尾相接并有许多支岔,可纵贯欧、亚、美、非各个洲域,并进而得出地球内部曾经乃至现在仍存在"地下王国"。威尔金斯的观点立足于世界各国考察的结果,尽管更多的只是一种假说和推断,但说得有根有据,富有诱惑力。真的存在地下文明吗? 倘若真能解开这个"谜",人类必将进入真正的"新世界"。

1942 年考古专家戴维·拉姆夫妇发现了传说中守卫墨西哥地下隧道(又名"阿加尔塔")的白皮肤的印第安人。"阿加尔塔"即地下世界。据传说,地下世界有无数洞穴、隧道和迂回曲折交错成网的地下长廊,那里埋藏着古代文明的秘密和无尽的宝藏。多少年来,这一充满诱惑的传说吸引了无数科学家和探险家展开了无数的探索和考察。拉姆夫妇虽然声称自己的考察队发现了地下长廊的入口,但没能进入玛雅后裔守护的地下隧道。然而据说德国著名探险家兼作家冯·丹尼肯曾进入过拉坎顿人守护的隧道。在隧道中,他极其惊讶地见到了宽阔笔直的通道和涂着釉面的墙壁,多处精

□安第斯山脉

致的岩石门洞和大门，加工得平整光滑的屋顶与面积达 2 万多平方米的大厅，隧道内还有无数奇异的史前文物，包括那本许多民族远古传说中都提到的"全书"。隧道内那种超越现代人类智慧的严密、宏大与神奇，使这位以大胆想象著称的作家也瞠目结舌。他认为隧道是用人类现在还不具有的某些技术开凿成的。"二战"结束后至今，对"阿加尔塔"的考察热很盛，各种各样的新发现也越来越令人鼓舞。

　　1960 年 7 月，秘鲁考察队在利马以东 600 千米的安第斯山脉的地下曾发现一条地下长廊。该地下长廊长达 1000 千米，通向智利和哥伦比亚。但是为了保护隧道，等到将来人类掌握了足够的科学技术时再来开发，秘鲁政府封闭了这条地下隧道的入口并严加把守。此地后来被联合国教科文组织列为世界文化遗产。稍后，西班牙人安托尼·芬托斯在安第斯山脉靠近危地马拉的地方考察时，又偶然发现了一个长达 50 千米的地下长廊。这个长廊有尖状的拱门，从地下一直通向墨西哥。1972 年 8 月，英国考察队在墨西哥的马德雷叫山脉也找到了地下长廊，其走向是通向危地马拉。这一地下长廊与安托尼·芬托斯在危地马拉发现的地下长廊很可能是同一条。据英国考察队回忆，每当拂晓，就能听到从地下长廊发出的击鼓一样的声响，声震四方。1981 年 5 月，著名探险家毛利斯曾从厄瓜多尔的瓜亚基尔附近一处地洞入口进入地下长廊。在地下长廊里,毛利斯发现了人工开凿的痕迹,洞壁平整并经过粉刷。总之,无数地下长廊遗迹的发现,似乎越来越清晰地表明,远古时代确曾存有高度发达的地内文明。

如果说以上所述的地下隧道还只是一些静态的历史遗迹,那么,下述一系列事实则更加离奇,似乎昭示着一个事实:时至今日,地球内部仍存在一些活动着的"地下王国"。

1973年3月,新娘美尔比特外出,在她途经亚历山大城哈札亚街的时候,前方地面突然裂开一个洞,似乎有种神秘的力量将她吸了进去。目击者立即用工具在洞口周围挖掘,却始终找不到美尔比特的影子。其后,又有6位娇美的女郎遭此厄运。有人猜测这或许是"地下王国"某种神秘力量在作祟。

1994年,墨西哥城公布了一条令人震惊的新闻。该城街道因一次偶然的地陷,竟在地下污水渠中发现了3名"地鼠人"。3名"地鼠人"因偶然的地陷被压死,尸体立即被送往墨西哥大学进行解剖、分析和研究。与此同时,一位墨西哥的人类学家威廉·格治博士在地陷后进入地下水道时,竟然与"地鼠人"迎面相遇。"地鼠人"显得十分惊慌,转身就跑,当博士追过去抓住其中一个时,"地鼠人"的身体却像鳗鱼一样滑溜,转眼间就逃得无影无踪了。这些"地鼠人"全都身材矮小,大约只有1米高,但手脚四肢齐全。

1972年4月,美国加利福尼亚伯克利大学的3名学生于假日登上高达4318米的沙斯塔山顶。这是一座熄灭多年的死火山,出乎意料的是,3名学生看见火山口冒出一缕缕烟气,并出现亮光和大量的火星,还看见一些碟形飞行物飞进飞出。他们马上拿起望远镜,令人吃惊地看到了5个高个白人,他们披着长长的卷发,迅速走到火山口下面一块岩石后就突然消失不见了。

美国加利福尼亚卡斯特山脉中一个叫布朗的采矿者,发现一处类似于巨人住的人工地道。洞穴中有用巨大铜锁锁住的巨大房舍,墙壁间有黄金铸成的盾和从未见过的物品,墙壁上还画着奇怪的图画和文字。第二次世界大战期间,美国陆军士兵希伯与战友失散,被遗留于森林,有一天他无意中发现一处被巨石隐蔽的洞口。希伯冒险进入洞内，竟然发现里面被人工光源照得亮如白昼，俨然是一处庞大的地下城市。希伯正看得入迷时，突然被抓住，关了4年后，他寻机拼命逃出。据他说这个地下王国通向地面的隧道有7条，分别在世界其他一些地方开有秘密出入口。

□沙斯塔山顶

美国TG石油公司勘探队在土耳其西方大洞穴地下270米的地方，发现地底有深邃的岩盘隧道，洞内高4~5米，洞壁洞顶光滑明亮，显然为人工磨成。洞内到处是蛛网似的横洞，俨然一个令人扑朔迷离的迷宫。

"地下王国"的神秘人不仅出现在陆地，而且显迹于大海中。1968年，美国迈阿密城一名水下摄影师声称在河底摄影时看到一个怪人。怪人的脸部像猴子并有鳃囊，两眼比人的双眼大，没有长睫毛，两条前肢长满了光亮的鳞片，脚掌像鸭蹼，并有5个爪子。

对于这些奇怪的现象，考古学家、人类学家及地质学家做出了各种各样的推测和解释。

有人认为，所谓"地下王国"纯属荒谬之谈。

但是，很多科学家根据地球裂口和熄灭的火山口多次发现"地心人"出没的事实，将这种现象与美洲存在的无数地下长廊联系起来考虑，并进一步推测说，在环绕南北美洲、亚欧大陆，通过"地下长廊"穿陆过海、首尾相接的地方，确实存在某些"地下王国"。地理学家贝罗希诺夫认为中国的敦煌可能是某个"地下王国"的入口。而关于地下王国的入口，有些科学家认为，南极强磁场、沙斯塔山火山口和百慕大三角都是通往另一个世界的门户。那些可能具有高度文明的"地下人"，正是通过这样的门户自由来往。

一些考古学家和人类学家断定，这是亚特兰蒂斯人的杰作。在远古文明的后期，亚特兰蒂斯人知道来自天外的、地下的和他们中的核战争的灾难将毁灭他们的文明，于是便事先开凿了地下长廊。长廊分别通向美、非两洲。灾难发生时，亚特兰蒂斯人经过长廊逃往非洲和美洲，也有一部分人就一直生活在长廊中。如此说来，美、非两洲的古代建筑就是亚特兰蒂斯文明的产物，而这些建筑的神秘性似乎可由此得到解释。

若真的存在这个地下王国，那么，这个地下王国的居民长居在地下，或已演化成嗜热的硅生命体，已不可能再适应地面的生活。可以肯定的是，假设地下王国真的存在，那么他们必定掌握着高于地表人的科学技术。

如果真的存在一个地下王国，那么地球内部的确是空的理论将得到证明。因为，不少地球物理专家认为，地球的现有重量是6兆吨的百万倍，假如地球内部不是空的，它的重量应远不止于此。地下王国之说，引发了科学界一场有关"地球空洞说"的激烈争论，结论如何，只能拭目以待。不过，如果地球内真有世外桃源存在，那么人类的许多梦想都会得以实现。

💠 **知识链接**

儒勒·凡尔纳

儒勒·凡尔纳是19世纪法国作家，著名的科幻小说和冒险小说家，被誉为"现代科学幻想小说之父"，曾写过《海底两万里》《地心游记》等著名书籍，代表作为三部曲《格兰特船长的儿女》《海底两万里》《神秘岛》。

人工岛的兴建

科普档案 ●**地理概念**：人工岛　　●**定义**：在近岸浅海水域中人工建造的陆地和海上建筑物。

全世界 60% 的人口生活在长度小于 60 千米的海岸线上，有超过 20% 的人口生活在海平面 3 米以下。又因为全球变暖引起海平面上升，让一些岛屿时时面临被淹没的危险。惊天动地的填海造陆工程就在这样的背景下开工了。

全世界 60% 的人口生活在长度小于 60 千米的海岸线上，有超过 20% 的人口生活在海平面 3 米以下。又因为全球变暖引起海平面上升，让一些岛屿时时面临被淹没的危险，这些的的确确是性命攸关的问题。人类不得不开始寻求新的办法来弥补自身造成的问题，继续与自然和谐共存。那些惊天动地的填海造陆工程就在这样的背景下开工了。

荷兰位于欧洲西部，"荷兰"的意思是低地，全国 24% 的面积低于海平面，只有 1/3 的面积高出海平面 1 米。荷兰人民世世代代都在向大海挑战，以修堤造坝、排水排涝、填海造陆、与海水搏斗著称于世。14 世纪以来，荷兰共造陆地 7100 平方千米，占到了全国面积的 1/5。近几年来，由于受到人口增长压力的影响，荷兰开始考虑并计划建设一个郁金香形状的人工岛屿。由于这个人工岛屿面积巨大，届时，欧洲的地理版图甚至都可能要重新绘制。

日本是个地少人多的国家，对海上造地非常感兴趣。20 世纪 60 年代以来，日本建造的现代人工岛最多，规模也最大，如神户人工岛海港和新大村海上飞机场。神户人工岛位于日本大阪湾西部神户市港口外的海域中，1966 年开始兴建。在 10 米水深的海域中用 8000 万立方米土石填筑成一个总面积为 436 万平方米的人工岛。其中港口用地 241 万平方米。人工岛抛填平均厚度约 20 米，向海一侧有长 3040 米的护岸和 1400 米的防波堤。与陆地连接的神户大桥为三跨拱结构,桥宽 14 米。全部工程于 1981 年建成。1972 年神户市又开始在人工岛东侧的附近海面建造面积 580 万平方米的六甲人工岛。新大村飞机场,即长崎机场。位于长崎、佐世保间的大村湾内,是利用离海岸 1.5 千米的箕岛扩建而成的。采用爆破方法削平箕岛的南、北两岛后,在向陆一侧 12~15 米水域中抛填土石建造了长 3200 米、宽 430 米的人工岛。岛周围的护岸工程总长 5868 米,采用块石护坡、人工异型块体消浪结构护面,通过一条栈桥与陆地相连。

中东国家阿拉伯联合酋长国的迪拜,已展开多项傲视世界的建筑大工程,现在又有新的发展计划,四个大型人工岛建筑工程正在离海岸 8000 米的水域出现。迪拜人造岛不能称为一座,而应称为一群。这是个复杂的建筑,不单要壮观、特别,还要极尽奢华。四座大的人造岛是工程的主体。从空中鸟瞰,三座被设计成棕榈树的形状,另外一座是缩小版的世界地图形状。修长的棕榈树叶片由 17 座长约 1600 米的小岛构成,再与作为树干的主岛相连。这样大大小小的岛屿加起来,总有百余座之多。为了给亿万富翁建造这些人间天堂,工程已经动用了约 800 万立方米的沙子和岩石,总投资为 140 亿美元。

在印度洋中的马尔代夫,9 万人拥挤在不足 2 平方千米的首都岛上。为了缓解各项压力,人们刚刚建造了一个 5000 米长的人工岛屿——于勒于马莱岛。这个岛就坐落在离首都岛 1000 米处,面积大约 3 倍于首都岛,可容纳 15 万居民。它的高度超出现今海平面 2 米多,居民可以不用再担心被海水淹没。

在我国,明代嘉靖年间已有建造人工岛的文字记载。新中国成立

□于勒于马莱岛

以来的 40 多年间，我国围海造田的面积就达 10 万多平方千米，围垦工程规模之大，仅次于万里长城和大运河工程。我国北方渤海湾浅海区，那里自然条件复杂，有波浪、风暴潮、泥沙沉积、海底滑坡等，又属于强烈地震区域，是世界上最复杂、最不稳定的海洋环境地区之一。就在这里，专家们为天津大港油田设计了一个人工岛，岛上有起重机区、动力区、储罐区和生活居住区，被誉为"中华第一岛"。我国的港澳地区，填海造陆的土地也在不断增加。据统计，香港开埠以来至 1989 年，填海造陆就有 24 平方千米。澳门是个弹丸之地，为了容纳较多的人口和庞大的工商业机构，已经填海造陆将近 17 平方千米，相当于澳门原有面积的 63%。

几百万年以来，人类在地球上繁衍生息着，渐渐壮大起来，人口的数量也急剧增加。陆地有限的资源和空间已经很难满足人类的需求，于是开始向广阔的海域索取资源和生存空间。在 21 世纪，人类依靠更加先进的科技力量，向海洋要地的规模将比现在更大，人类的许多活动都将会在海洋提供的土地上进行。

📖 知识链接

迪拜

迪拜，位于阿拉伯半岛中部、阿拉伯湾南岸，是海湾地区中心，与南亚次大陆隔海相望，被誉为海湾的明珠，它沿海岸线呈西南到东北的走向，长 30 千米，最宽处 10 余千米，面积 3980 平方千米，约占全国总面积的 5%。人口 226.2 万，约占全国人口的 41.9%，是七个阿拉伯联合酋长国中的面积第二大、人口最多的酋长国阿联酋的经济中心。

未来的海底水晶宫

科普档案 ●地理概念:海底住宅 ●住宅名称:"海中人"1号 ●建造人:美国飞行员林克

生命起源于海洋。面对陆地资源短缺的压力,人类又把目光转向海洋。人类专家预测,21世纪中后期世界总人口将突破200亿,届时有限的陆地空间已不能满足人类正常生活的需求。因此有学者提出,让人类重回大海!

生命起源于海洋,人类繁衍于陆地。面对陆地资源短缺的压力,人类又把目光转向海洋。人类专家预测,21世纪中后期,世界总人口将突破200亿,届时有限的陆地空间已不能满足人类正常生活的需求。因此有学者提出,让我们回到大海吧!生命从那里起源,也将能在那里获得新发展。

我们知道,深海是一个高压、漆黑和冰冷的世界,通常的温度是2℃。在极少数的海域,受地热的影响,洋底水温可高达380℃。在这样的环境中,人类可能生存吗?

1969年,美国两位作家为体验生活,来到巴哈巴群岛的比密里参加海底探险活动,他们在比密里岛北岸附近的海底发现了一片由石头摆成的几何图形,这些石头呈矩形排列,全长约250米。同年7月,另一个考古探险家和潜水员又在该岛以西的海中发现了一组大石柱,这些石柱有的横卧海底,有的直立在水中。后来据推测,这些城市遗址建筑于1~1.2万年前,说明这儿曾经存在一座先进的城市。这次发现引起了世界轰动,也促使许多人开始了寻找传说中的海底城市的行动,其后又传出了几个发现海底建筑的传闻。1985年,美国国家海洋学会的罗坦博士驾驶一个小型深潜器,携带一部水下摄影机对大西洋底进行考察。当他潜到约4000米深处时,眼前出现了一幅令人惊异的奇妙景象:面前是一个海底庄园,那是一座金碧辉煌的西班牙式水晶城堡。连道路也全部采用类似大理石的水晶块铺设而成。在圆形建筑物顶上,安装着类似雷达的天线,但城市中看不到一个人影,罗坦博士连忙用水下摄影机抢拍镜头,但突然涌来一股不明海底湍流,把他和深潜器推离了这个美丽的海底城市。此后,罗坦博士再也找不到这座海底"水晶宫"了。

□海底世界

　　水下的这一系列发现,引起整个世界的轰动。可惜,这些毕竟不是水下城市,它只不过是陆地上建筑物沉没在水中的遗迹。但是为了实现海底居住这一梦想,科学家们一直没有放弃过研究和试验。

　　人类在海洋中的第一间实实在在的住宅是由美国一位叫林克的飞行员建造的,名叫"海中人"1号水下居住室。地点在法国地中海近海水深30米的海底。这间住宅是一个密封金属圆筒,由几个支架支撑着。居室底部有一扇"门",可供潜水员进入海水中;上部是密闭电梯,可供居住者由水上进入居室内。居室内充满着与30米海底压力相同的高压氦—氧混合气体,供居住者使用,以保证住室内不受海水浸淹。林克在水下居住室内,像在陆上家中一样,吃了一顿丰盛的午餐,愉快地度过了14小时,然后安全返回海面。

　　水下住宅与陆上住宅一样,造型各异,生活设施俱全。为了完成他的大陆架开发计划,水肺发明人库斯特建造了几个水下住室。1962年首次实验时,他建造了"海底之家",放在10米水深处。在相距200米的波美格岛上设立了指挥所,通过管道和电线,将冷热水、电和压缩空气供给"海底之家";相互间的联系是通过电话;在"海底之家"内还有一台电视机,可以自由收听和观看电视节目;5名潜水员在"海底之家"生活了1个月,经历了许多奇特的事情。他们发现在水下住宅内,香烟燃烧得特别快,人的伤口好得特别快,比陆上要快1倍时间。奇怪的是,室内的电风扇却转得特别慢,胡

□海底生活

子也长得特别慢。1963年第二次实验时，库斯特建造了"海星号"，有4个翼。中间是控制中心和会议室，4个翼是4间房，分别是淋浴室、研究室、厨房、寝室。8名海下作业人员在"海星号"度过了1个月的海底生活。1965年第三次实验时，库斯特建造了圆壳形水下住宅，外形像一个球壳，固定在一个有4条腿的台上，全长14米，重130吨，高8米。住宅分上下两层，第一层有出入口，放着6张床的寝室、洗脸间、淋浴室、潜水服干燥室等。第二层是厨房、工作室、洗脸间、实验室等。住宅内设备应有尽有，有壁橱、书架、电视摄影机、低温冷却装置。

1964年，美国海军海洋局制造了两个活动功能俱全的水下居住室，一个叫"西莱布Ⅰ"号，又名"水下实验室Ⅰ号"，建在水下58米；另一个叫"西莱布Ⅱ"号，建在水下62米深处。它们都有实验室、寝室、厨房、淋浴室、洗脸间和潜水仪器等。潜水员在水下生活了几十天，开展科学实验和海洋考察，工作、生活都很正常，胃口大开，品尝了各种好菜。有趣的是，他们请一只海豚当水下通讯员，为他们运送当天的报纸和亲朋好友的信件。令人激动的是，他们与住在水下100米深处的另一住宅内的法国潜水员互通电话，互相祝贺人类通往深海取得的重大突破。

正常空气由大约4/5的氮气和大约1/5的氧气组成。在水下就像是在密封加压的汽水瓶中，空气溶入人体组织和血液中的数量增大，达到饱和状态，人体并无不适，且可长期生活、工作。这一事实说明人类可以在高压的水下生活。由此，人们发展了"饱和潜水技术"。但是，当潜水员上浮减少水深和压力时，也必须非常缓慢地进行，否则溶入人体组织和血液中的空气不能顺利排出，特别是氮气对人体组织有麻醉作用，造成极大的危害，就会引起致命的"减压病"。为此，使用惰性气体氦或氖代替氮气，与氧气混合供给海底人员呼吸。同时，在岸上或支援船上有"减压室"，潜水员出水后，进入减压室缓慢减压，使溶入人体内的空气排出，而重新适应地面生活。

各种水下住宅正是根据饱和潜水技术设计而来的，它们为人类提供了海底行动的基地场所，为人类进军海底世界做出重要的准备。

21世纪将是人类开发利用海洋的世纪。目前，人类已经不再局限于水下居室的建设，海洋建筑学家们正在勾画海洋城市的蓝图。虽然海底世界的建设会十分艰难，但只要发挥我们的聪明才智和灵巧的双手，在不远的将来，入住海底城市就绝不只是梦想。

📖 知识链接

意大利"水下住宅"体验海底生存

人类有一天可以移居到海底生活吗？2007年9月，6名意大利人就想通过对水下住宅体验向人们证明有这个可能。参加这项水下住宅体验计划的是来自意大利的6名潜水员。这种水下住宅很大程度上可以做到自给自足。它的能源由露在水面的太阳能面板提供，饮用水也可以由海水经过淡化处理后获得。体验者相信水下生活会和在陆地上一样丰富多彩。这项水下住宅体验从9月8日开始，6名参与者在海底生活了两个星期。

深海探测器的发展

科普档案 ●设备名称:深海探测器　●发明时间:1554 年　●发明人:意大利人塔尔奇利亚

> 随着科技的进步,人类对海洋的了解日益深入,但神秘的海洋如此博大幽深,人类总是不能了解它的全部。在那浩瀚无垠的大洋深处,到底埋藏着多少不为人知的奥秘? 带着这样的疑问,海洋潜水器应运而生。

海洋是水循环的起始点,又是归宿点,它对于调节气候有巨大的作用;海洋为人类提供了丰富的生物、矿产资源和廉价的运输,是人类一个巨大的能源宝库。地球有 71% 的表面是海洋,辽阔的海洋与人类活动息息相关。随着科技的进步,人类对海洋的了解日益深入,但神秘的海洋是如此的博大幽深,人类总是不能了解它的全部秘密。

在那浩瀚无垠的大洋深处,到底埋藏着多少不为人知的奥秘? 那深不见底的海底,是怎样一片神奇的世界呢? 正是带着这样的疑问,海洋潜水器应运而生了。

1554 年意大利人塔尔奇利亚发明制造了木质球形潜水器,对后来潜水器的研制产生了巨大影响。第一个有实用价值的潜水器是英国人哈雷于 1717 年设计的。20 世纪,出现了各种以科学考察为目的的自航深潜器。1948 年瑞士的皮卡德制造出"弗恩斯三号"深潜器下潜到 1370 米。虽然载人舱严重进水,但开创了人类深潜的新纪元。使深海探测难以行进并使人类难以踏入这一领域的,是水的基本性质,即高密度。为了克服这些障碍,从事深海探测的大部分科学家都已从有人驾驶潜水器转向机器人潜水器。

现在的水下机器人分为缆控水下机器人和无缆遥控水下机器人两种类型。有缆水下机器人最早产生于 20 世纪 50 年代,当时主要用于执行鱼雷和水下导弹回收任务而由军方研制。美国海军 1956 年研制出了"开尔夫"1号,该机器人在服役期间执行数百次任务,其中包括从海底回收100多枚鱼雷。它最值得自豪的是1966年参与搜寻美国坠落在西班牙洛马雷斯深海处的氢弹,正是"开尔夫"1号成功地将锁住机构连接到那颗氢弹上,才使氢弹得以回收。

□水下机器人

20世纪70年代和80年代,无人有缆潜水器的研制获得迅猛发展。出现了海底考察、实验、采样、打捞、救助、工程施工等多种用途的水下机器人,且工作性能越来越好,工作水深也越来越大。法、美、日等国家海底机器人技术研究处于领先位置。世界上第一个设有通信系链、能够独立工作的水下机器人"逆戟鲸"号是美国研制的。它有5台微处理机,有着装有5000张胶片的自动摄像机,有着非常完善的声呐装置声脉冲发送器、频闪器及传感器等设施。这架机器人重2.9吨。它不需要海面工作人员"指导"其行动,但是如果遇到障碍物、摄像机失灵或电路中断等情况发生时,它还得与海面联系,因此,这架机器人在水下工作时每隔10秒钟就向工作船报告一次它的行踪及工作状态。这些报告都在工作船的示波器上显示出来,工作船上的人员可随时了解机器人工作的深度、方向、水温及发动机工作状况,必要时,工作船还可以发出控制指令,如发动机、摄像机和录音机的关闭、镇重块的释放等。这架机器人虽诞生不久,却立下了赫赫战功。它潜水达130多次,最深处到达海底5300米;曾在几百平方千米的太平洋洋底遨游览胜,拍下了那里的全部海底地形图。

世界上唯一能够下潜到万米洋底的缆控潜水器是日本于1993年研制成功的"海沟"号。它通过一条长12千米、重达15吨的动力和通信电缆受控于海面上的工作母船。潜水器上装有7个推进器、5台摄像机、2只机械手和1台海底声学探测装置。1995年3月24日,"海沟"号潜入大洋最深处——马里亚纳海沟,成功拍摄到了鱼儿在地球上最深的海底畅游的图

□海洋智能机器人

像,这是无人探测器潜水的世界最深纪录。

我国从20世纪80年代开始研制有缆遥控水下机器人,先后研制出了"海人"1号"瑞康"4号"探索者"1号等10多种型号,有些技术已接近国际先进水平。像"探索者"1号的作业水深可达1000米,能很好地完成检查水下管道、海底电缆等工作。1988年起,"瑞康"4号就一直在中国南海石油勘探中被外国公司租用,开创了我国近海石油勘探钻井首次使用国产机器人的先例。1995年,我国成功研制出了无缆水下智能机器人。这一目标的实现,不仅使我国具有对除海沟以外的世界海洋97%面积的海域进行详细探测的能力,也为我国大洋协会按照联合国的有关规定勘探太平洋15万平方千米的海底矿藏、争取我国的海洋权益创造了条件。当年5月,这个机器人赴夏威夷东南海域参加我国大洋勘探研究,曾成功深潜到6000米的深处,测量了海底地貌,拍摄了埋藏在深海底部的锰结核的图像,不仅为我国大洋研究做出了重要贡献,也写下了我国深潜史上崭新的篇章。2006年,由我国多家单位共同研制的机器人"检测工"——"海底管道内爬行器及检测系统"诞生了。这位水下机器人的外形像一列小火车,一节一节相连,由驱动环、电源、超声采集与存储器、超声探头等组成。用投放装置将"检测工"放入管道内,它便能借助输油管的油压差自由行进,并通过超声波的发射和回波,测出大量数据。完成任务后,"检测工"被回放装置拉出管道,科研人员从检测器中取出大量数据,经过计算分析后决定是否需要对管道进行维修。

目前,无人无缆潜水器尚处于研究、试用阶段,还有一些关键技术问题需要解决。今后,无人无缆潜水器将向远程化、智能化发展,其活动范围在

250~5000千米的半径内。这就要求这种无人无缆潜水器有能保证长时间工作的动力源。在控制和信息处理系统中,采用图像识别、人工智能技术、大容量的知识库系统,以及提高信息处理能力和精密的导航定位的随感能力等。如果这些问题都能解决了,那么无人无缆潜水器就能是名副其实的海洋智能机器人。海洋智能机器人的出现与广泛使用,将为人类进入海洋从事各种海洋产业活动提供更为可靠的技术保证。随着各国经济的飞速发展和世界人口的不断增加,开发海洋已经是人类在21世纪面临的重大课题。而水下机器人是多种现代高技术及其系统集成的产物,它对于海洋经济、海洋产业、海洋开发和海洋高科技具有特殊的重要意义。因此,许多国家都对水下机器人给予了极大的关注。

　　海洋不仅是美丽的也是神秘的,现在,我们的科技水平也许不能探尽海洋的秘密,但是,希望我们将来能够对海洋有更深一步的了解。

📘 知识链接

潜　水

　　潜水的原意是为进行水下查勘、打捞、修理和水下工程等作业而在携带或不携带专业工具的情况下进入水面以下的活动。后来潜水逐渐发展成为一项以在水下活动为主要内容,从而达到锻炼身体、休闲娱乐为目的的运动,广为大众所喜爱。

取之不尽的海底资源

科普档案 ●**名称:**海底资源　●**构成:**锰结核、磷钙石、铁、镁、煤、硫、钙、钾、锶、硼、岩盐等

> 浩瀚的海洋，蕴藏着比陆地上丰富得多的资源和宝藏。虽然海水中有的元素尽管含量很微小，但是由于海水量很大，所以总的储量却相当可观。如何更好地利用海洋资源，是一个全世界都关注的重要课题。

　　浩瀚的海洋，蕴藏着比陆地上丰富得多的资源和宝藏。随着科学技术的进步，人类对海洋的认识也越来越深入。人们逐渐发现，现实中的海底简直就是一个巨大的"聚宝盆"。

　　在水深2000~6000米的大洋底部，分布着一种最引人注目的海底矿物资源，它们像一个个大"瘤子"，这就是"锰结核"。据统计，海洋底部锰结核总储量估计在3万亿吨以上。锰结核密集的地方，每平方米面积上有100多千克，简直是一个挨一个铺满海底。这种东西的形状就像土豆一样，是一种黑色的铁和锰氧化物的凝结块。里面除含铁和锰之外，还含有铜、钴及镍等55种金属和非金属元素。整个海底的锰结核还在不断增生，是取之不尽，用之不竭的。海底表面还蕴藏着制造磷肥的磷钙石，储量可达3000多亿吨，如开发出来，可供全世界使用几百年，海底岩层中还有丰富的铁、煤、硫和岩盐等矿藏。石油是最宝贵的燃料，已探知的海底石油就已有1350亿吨，占世界可开采石油的45%。在全球海水中，溶存着80多种元素，可提取5亿亿吨盐，3100万亿吨镁，3050万亿吨硫，660万亿吨钙，620万亿吨钾，12万亿吨锶，7万亿吨硼。在1立方千米的海水中，有2700多万吨氯化钠，320万吨氯化镁，220万吨碳酸镁，120万吨硫酸镁。如果把海水中的所有盐分全部提取出来，平铺在陆地上，那么陆地的高度可以增加150米。假如海水全部被蒸干了，那么在海底将会堆积60米厚的盐层，盐的体积有2200

多万立方千米,用它把北冰洋填成平地还绰绰有余。此外,还有锂、铷、铀、铜等元素。20世纪80年代以来,又发现了海底热液矿藏,总体约3932万立方米,是金、银等贵金属的又一来源。因而,它又被称为"海底金银库"。波涛汹涌的海水,永不停息地运动着。其中潜藏着无尽的能量。海水不枯竭,能量就用不完,因此海水是可再生能源。全部海洋能大约有1528亿千瓦,这种能量比地球上全部动植物生长所需要的能量还要大几百倍。可以说,海洋是永不枯竭的电力来源。海洋中有20多万种生物,其中动物18万种,植物2.5万种。海洋动物中有16000多种鱼类、甲壳类、贝类及海参、乌贼、海蜇、海龟、海鸟等,还有鲸鱼、海豹、海豚等哺乳动物。海洋植物中有大家熟知的海带、紫菜等。海洋生物的蕴藏量约342亿吨,它提供给人类的食品能力,等于全世界陆地上可耕种面积所提供农产品的1000倍……

就海中元素而言,人们现在提取量最多的还是海盐。大家知道,盐是人不可缺少的食用品,盐还是化学工业的基本原料,所以,人们称盐是"化学工业之母"。现在,人们已经采用科学的方法大量提取海盐。这些海盐供人们食用的只是很少的一部分。大部分还是作为发展化学工业的原料。以食盐为原料,可以生产出许多不同用途的产品,把食盐溶液电解,就能得到烧碱(氢氧化钠)、氯气和氢气等物质。把烧碱加入动植物油中,再放到锅里煮一下,就可以制出肥皂和甘油。植物纤维溶于烧碱后又可以生产出人造丝。氢气和氯气是制造盐酸的原料,将氢气在氯气中燃烧得到氯化氢,再将氯化氢溶于水中就是盐酸。盐酸的用途非常的大,合成橡胶、染料、制革、制药、化肥等的制造和生产,都需要大量盐酸。每生产1吨尼龙就需要0.5吨多盐酸。在有二氧化碳和氨气的条件下,食盐还可以转化为纯碱(碳酸钠)。纯碱的用途也很大。生产1吨钢,需要10至15千克纯碱;生产1吨铝,需要0.5吨纯碱;化肥、造纸、纺织等工业也都需要大量的碱。

电解食盐还可以得到金属钠。金属钠质地柔软,在喷气式飞机和舰艇材料的制造上都要用到它。金属钠的过氧化物对解决高山和水下缺氧问题还有独特的作用。它能把人们呼出的二氧化碳吸收,同时又能释放人们需要的氧气。这就能解决深海潜水员、潜艇舱内人员的缺氧问题。潜水员在水下作业就不必带有"长气管的面具",可以在水下进行较长时间的活动。由此可见,食盐在化学工业上是何等重要。

海水中含有大量的镁,它主要以氯化镁和硫酸镁的形式存在。大规模地从海水制取金属镁的工序并不复杂,将石灰乳加入海水,沉淀出氢氧化镁,注入盐酸,再转化成无水氯化镁,电解便可以得到金属镁。制造飞机和快艇的主要材料是铝镁合金。金属镁在这里起了重要作用。镁比铝还要轻,铝中"掺"上镁,就是制造飞机和快艇的既轻又坚固的材料。金属镁还可以做火箭的燃料。我们熟悉的信号弹、照明弹和燃烧弹,都要用到金属镁。近年来,金属镁在机械制造工业上,有代替钢、铝和锌等金属的趋势。有人说金属镁是金属中的"后起之秀",这话不假,金属镁确实很有发展前途。

溴是一种重要的医用药品原料。大家熟悉的红药水,常用的青霉素、链霉素、普鲁卡因及各种激素的生产都离不开溴。溴还有很多用处,用它制成的灭害药,可以消灭老鼠;杀虫剂,可以消灭害虫。在工业上它还可以用来精炼石油,制造染料。地球上99%以上的溴都蕴藏在汪洋大海中,故溴还有"海洋元素"的美称。据计算,海水中的溴含量约65毫克/升,整个大洋水体的溴储量可达100万亿吨。

海水中碘的含量为0.06毫克/升,海洋中碘总储量共有930亿吨左右,这比陆地上的储量还多。碘是人体不可缺少的元素之一,如果缺少了它,人就会得一种"粗脖子"病。如果给病人适当服用含碘药剂,就可以防病。碘在尖端科学和军事工业生产上有重要用途。碘是火箭燃料的添加剂。在精制高纯度半导体材料锗、钛、硅时要用到碘。此外,碘在照相、橡胶、染料工业方面也都有着重要的作用。

核能是人类最具希望的未来能源。目前人们开发核能的途径有两条,一是重元素的裂变,如铀的裂变;二是轻元素的聚变,如氘、氚、锂等。重元素的裂变技术,已得到实际性的应用;而轻元素聚变技术,也正在积极研制之中。可无论是重元素铀,还是轻元素氘、氚,在海洋中都有相当巨大的储藏量。

铀是高能量的核燃料,1千克铀可供利用的能量相当于燃烧2250吨优质煤。然而陆地上铀的储藏量并不丰富，且分布极不均匀。只有少数国家拥有有限的铀矿，全世界较适于开采的只有 100 万吨，加上低品位铀矿及其副产铀化物，总量也不超过 500 万吨，按目前的消耗量，只够开采几十年。而在巨大的海水水体中，却含有丰富的铀矿资源。据估计，海水中溶解的铀的数量可达 45 亿吨，相当于陆地总储量的几千倍。如果能将海水中的铀全部提取出来，所含的裂变能可保证人类几万年的能源需要。不过，海水中含铀的浓度很低，1000 吨海水只含有 3 克铀。只有先把铀从海水中提取出来，才能应用。而要从海水中提取铀，从技术上讲是件十分困难的事情，需要处理大量海水，技术工艺十分复杂。但是，人们已经试验成功了很多种海水提铀的办法。

　　海水中有的元素尽管含量很微小，但是由于海水量很大，所以总的储量却相当可观。如何更好地利用海洋资源，是一个全世界都关注的重要课题。

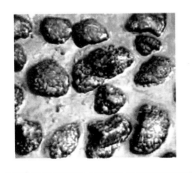

📗 **知识链接**

锰结核

　　锰结核含有 30 多种金属元素，其中最有商业开发价值的是锰、铜、钴、镍等。它不仅储量巨大，而且还会不断地生长。生长速度因时因地而异，平均每千年长 1 毫米。以此计算，全球锰结核每年增长 1000 万吨，堪称"取之不尽，用之不竭"的可再生多金属矿物资源。

起伏波浪的巨大能量

科普档案 ●**地理概念**:波浪 ●**要素**:波峰,波谷,波底,波高,周期,波速,波向线和波峰线等

> 坐过海轮和到过海边的人都会发现,辽阔的海洋几乎没有平静的时候,即使在风平浪静的日子里,大海也是微波涟漪,不会真正地静下来。至于惊涛骇浪,那种躁动的力量,则不得不令人叹服。

　　美国西部太平洋沿岸的哥伦比亚河入海口附近,有一座高高的灯塔,旁边的小屋里住着一个灯塔看守人。1894 年 12 月的一天,一个黑色怪物突然击穿屋顶迅猛地撞了下来。吓坏了的看守人哆哆嗦嗦地走近黑色怪物一看,原来是一块重达 64 千克的大石头。经过勘察和专家的细心研究,发现这块石头是被巨大的海浪卷到 40 米的高空后,又不偏不倚地砸到了看守人居住的小屋上,演出了飞石穿顶的惊险一幕。

　　海浪能有那么大的力气吗?海洋学家的回答是:有。据测定,海浪拍岸时给海岸的冲击力每平方米可达 20 吨~40 吨,大的甚至可达 50 吨~60吨。巨浪冲击海岸时,能激起 60~70 米高的浪花。在英国苏格兰的威克港,

□海上波浪

一次大风暴中，巨浪曾将1370吨重的混凝土块移动了10多米；斯里兰卡海岸上的一座高60米的灯塔，也曾经被印度洋袭来的海浪打坏；有人看到过一个巨大的海浪甚至把13吨重的巨石抛到10米高的空中。

□利用海波发电

在海上，波浪中的巨轮就像一个小木片上下飘荡。大浪可以倾覆巨轮，也可以把巨轮折断或扭曲。假如波浪的波长正好等于船的长度，当波峰在船中间时，船首船尾正好是波谷，此时船就会发生"中拱"。当波峰在船头、船尾时，中间是波谷，此时船就会发生"中垂"。一拱一垂就像折铁条那样，几下子便把巨轮拦腰折断。20世纪50年代就发生过一艘美国巨轮在意大利海域被大浪折为两半的海难。

波浪能量如此巨大，自古吸引着沿海的能工巧匠们，想尽各种办法，企图驾驭海浪为人所用。最早的波浪能利用机械发明专利是1799年法国人吉拉德父子获得的，在此后的100多年时间里，英国登记了波浪能发明专利340项，美国为61项。早期海洋波浪能发电付诸实用的是气动式波力装置。道理很简单，就是利用波浪上下起伏的力量，通过压缩空气，推动吸筒中的活塞往复运动而做功。1910年，一名法国人在其海滨住宅附近建了一座气动式波浪发电站，供应其住宅1千瓦的电力。

有关专家估计，用于海上航标和孤岛供电的波浪发电设备有数十亿美元的市场需求。这一估计大大促进了一些国家波力发电的研究。20世纪70年代以来，英国、日本、挪威等国为波力发电研究投入大量人力物力，成绩也最显著。英国曾计划在苏格兰外海波浪场，大规模布设"点头鸭"式波浪发电装置，供应当时全英所需电力。这个雄心勃勃的计划，后因装置结构过于庞大复杂、成本过高而暂时搁置。20世纪70年代末期，日本研制成了一种大型海浪能发电船，并进行了海上试验。它能发出 100~150 千瓦的电能，而且具有远离海岸的电力传输装置。这艘发电船通常停泊在离岸 3000 米的海上，船长 80 米，宽 12 米，总重 500 吨，停泊海域的水深为 42 米，在船的内室里，安装了几台海浪发电装置。目前，世界上已有几百台海浪发电装置投入运行，但它们的发电能力都比较小，需要进一步研究。

波浪虽然只是海水质点在原地的圆周运动，但它那一起一伏的运动能量也是十分巨大的。有人计算，1 平方千米海面上的波浪能可以达到 25 万千瓦的功率。利用海浪发电，既不消耗任何燃料和资源，又不产生任何污染，因而是一种亟待开发利用的现代新型能源。

🔖 知识链接 ////////////

航 标

　　帮助引导船舶航行、定位和标示碍航物与表示警告的人工标志。设于通航水域或其近处，以标示航道、锚地、滩险及其他碍航物的位置，表示水深、风情，指挥狭窄水道的交通。

前景广阔的地热能

科普档案 ●**地理概念**:地热●**划分**:蒸汽型、热水型、地压型、干热岩型和熔岩型●**分布**:火山地震多发区

地球和人一样,也有自己的"体温"。根据现代科学的研究成果,地球内部是个高温体。地球蕴藏着这么多的热量,如果用它发电、取暖,造福人类,的确是很诱人的课题,目前很多国家已把开发地热能列入日程。

地球和人一样,也有自己的"体温"。根据现代科学的研究成果,地球内部是个高温体。从很深的矿井和钻孔得到的资料表明,地球深处的温度是随着深度而增高的。从地壳深处冒出的温泉,水温可高达百度;而从地幔喷出的岩浆,温度则高达千度。我们把每深入地下 100 米,地温增加多少度,即温度随深度而增加的变化速度叫作"地温梯度"。在不同地区,地温梯度有所不同。在我国华北平原,每深入 100 米,温度增高 3℃~3.5℃;在欧洲大部分地区,每深入 100 米,温度增高 2.8℃~3.5℃。

地球蕴藏着这么多的热量,如果用它发电、取暖,造福人类,岂不是天大的好事? 这的确是很诱人的课题,目前很多国家已把开发地热能列入日程。但是,地球不是到处都能随便开发的,因为具有利用价值的地热太深了。地热必须经过某种地质过程加以集中,距地面较浅,温度较高才有开发价值,才能称其为"地热资源"。

温泉、火山就是地热在地表集中释放的现象。地下热水是由于地面的冷水渗入很深的地下,遇到浅层灼热岩体被烤热后,又沿着某些地壳裂缝冒出地表而形成的。在目前条件下,人们主要是利用地下浅层热水,至于对火山热能的利用那还是很遥远的事。

冰岛是因利用地热而著称于世的国家。9世纪时,人们乘船驶进现在的冰岛首都,远远就看到这个地方的海湾沿岸升起缕缕炊烟,以为那里一定

□冰岛"雷克雅未克"

有人居住。于是就把这个地方命名为"雷克雅未克",即"冒烟的海湾"。谁知等他们到岸上时,既没看到村落和农舍的炊烟,也没有见到任何人,而只见许多温泉在不断喷出股股热气腾腾的水柱。从此,"雷克雅未克"的美名就流传了下来。现在,冰岛人不但用温泉洗澡,还用热泉、蒸汽泉为居民取暖,有时还用温泉地热建造温室种菜、水果和花卉。温室中有黄瓜、西红柿及热带生长的香蕉、咖啡在橡胶在这里也生长茂盛。温泉游泳池更是遍及冰岛的城镇和乡村。即使在白雪皑皑的冬季,游泳池也温暖如春。到 20 世纪,冰岛人开始利用地热发电。

我国利用地热的历史十分悠久。远在西周时,周幽王就在陕西省临潼区骊山脚下的温泉区修建了"骊宫"。秦始皇时,又用石头砌筑屋宇,取名"骊山汤",供洗澡沐浴用。汉武帝时,又在"骊宫"和"骊山汤"的基础上修茸扩建成离宫。671 年,唐高宗李治又把它改名为"温泉宫"。747 年后改名为华清宫,又名"华清池"。历代王朝在这里大兴土木,就是看中了骊山这个温泉宝地。原来,骊山温泉的水温常年保持在 43℃左右,几处泉眼每小时流出的泉水达 112 吨,最适于人们洗澡沐浴,而且兼有治病的作用。在温泉水源西侧的墙壁上,镶有北魏时雍州刺史元苌写的"温尔颂"碑。大意是说,不论疮癣炎肿,只要长期用这里的温泉洗浴,都可以康复如初。新中国成立后,华清池修饰一新,又新建了好几处男女温泉浴池供人们沐浴之用。洗温泉浴可以说是地热的最直接和原始的应用。

骊山温泉仅是我国丰富的地热资源中一朵小小的奇葩。地热实际上遍布全国。在青藏高原,沿着念青唐古拉山麓向东延伸,是我国地热资源最丰富的地带,地热工作者叫它"喜马拉雅地热带"。在这个地带上已发现400多处多姿多彩的地热活动。除有热气腾腾的热泉和热水湖及水温高达沸点的沸泉和热喷汽孔外,还有世界上罕见的热间歇泉和水热爆炸等奇妙景象。其中最引人注目的是位于拉萨西北的羊八井盆地,水温高达沸点的热泉很多,有的地面烫得不能坐人,用钢钎向地下只要钻几十厘米深,就会呼呼地冒出蒸汽。当地人称它是念青唐古拉山神的炉灶。现在,那里已经建起了我国第一座湿蒸汽型发电站。

据计算,地球自身每年散出的热量,相当于燃烧370亿吨煤的热量,这些地热能源正在等待我们去开发利用,以节约其他能源。

🔖 **知识链接**

我国地热能的现状

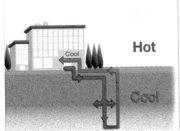

作为一种高效节能的可再生能源技术,地源热泵技术近年来引起社会的重视。目前,我国除青海、云南、贵州等少数省区外,其他省区都在不同程度地推广地源热泵技术。目前,全国已安装地源热泵系统的建筑面积超过3000万平方米。据不完全统计,截至2006年年底,中国地源热泵市场年销售额已超过50亿元,并以20%的速度在增长。地热能是指在当前的技术经济和地质环境条件下,能够科学、合理地开发出来地壳岩石中的热能量和地热流体中的热能量及其伴生的有用成分。

岩浆发电

科普档案 ●地理概念:岩浆 ●组成:熔化形成的液体,从液体中结晶的矿物,岩浆中溶解的气体等

岩浆主要由硅酸盐熔浆和挥发物质两部分组成,其温度往往随岩浆的成分而变化。高温岩浆蕴藏着巨大能量。在科学发达的今天,利用地下的高温岩浆为人类造福已提上日程。

地球的结构好像一只鸡蛋,具有三个主要的层圈构造:相当于鸡蛋中心的蛋黄部分,称为地核;相当于蛋白的那一部分,称为地幔;最外面相当于蛋壳的部分,称为地壳。其中,地幔是岩石的熔融体,这一层含有许多放射性元素,能够释放出大量的热能,这些能量连同熔融体,为了调整其平衡,无时不向地壳冲击,地壳就会发生震动。特别是那些地壳比较薄弱的地区,如深海沟,大断裂带上,震动就大些,也就成为地震的发源地。有时,地幔里的岩石熔融体也会沿着深海沟或大断裂的空隙突围而出,岩浆外溢,甚至造成火山喷发。

□火山岩浆

岩浆主要由两部分组成,一部分是以硅酸盐熔浆为主体,另一部分是挥发成分,主要是水蒸气和其他气态物质。前者在一定条件下凝固后形成各种岩浆岩,后者在岩浆上升、压力减小时可以从岩浆中溢出形成热水溶液,对于成矿往往起很重

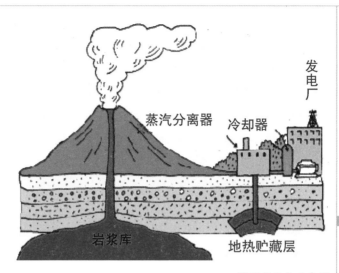

□岩浆发电示意图

要的作用,也有极少数岩浆是以碳酸盐和氧化物为主的。岩浆的温度往往随岩浆的成分而变化。酸性岩浆的温度为700℃~900℃,中性岩浆的温度为900℃~1000℃,基性岩浆的温度为1000℃~1200℃。既然是高温岩浆,它就蕴藏着巨大能量。能不能在火山喷发前利用地下的高温岩浆为人类造福呢?在科学发达的今天,这一问题早已提上议事日程。

在美国夏威夷群岛上的活火山,经常喷出岩浆,然后以滚滚"红流"注入太平洋,激起的蒸汽热浪冲天而起。美国科学家从热浪中看到了希望,这些蒸汽不正是火力发电厂用来驱动汽轮发电机所需要的蒸汽吗?可不可以用火山岩浆的巨大热能来发电呢?

20世纪80年代初,美国开始进行火山岩浆发电的研究,并在夏威夷岛基拉厄阿伊熔岩湖设立实验场,进行野外工程试验。1984年,试验旗开得胜,证明地下深处的岩浆中储有大量热能,并且试验证明有办法发掘出岩浆中储存的热能,然后提取到地面上来。1989年,美国选定了用岩浆发电的发电厂址,在加利福尼亚州的隆巴列伊地区打了一口6000米的深井,利用地下岩浆发电。其设计思想是用泵把水压入井孔直达高温岩浆,水遇到岩浆变成蒸汽后喷出地面,驱动汽轮发电机发电。计算机模拟表明,从一口井中得到的蒸汽热能发电,可以抵得上一台5万千瓦的发电机组。美国能源部计算后宣称,美国的岩浆能源量可折合为250亿~2500亿桶石油,比美国

矿物燃料的全部蕴藏量还多。

日本也从1980年开始进行高温火山岩发电的试验。日本新能源开发机构成功地从3500米深处的地下高温岩体中提取出了190℃的高温热水。方法是在花岗岩体中打两口井,往其中一口井中灌入凉水,再从另一口井中抽出高温热水。每分钟灌入1.1吨凉水,可连续回收0.9吨190℃的高温水。1989年,日本新能源开发部又利用高温岩体连续地获得高温热水和蒸汽。他们在相隔35米的距离内钻了两口1800米的深井,以每分钟0.5吨的流量向一口井中灌进凉水,从另一口井抽出的水就被岩体加热到100℃以上。他们的目标是设法使凉水变成200℃的蒸汽,最终实现发电。

利用岩浆发电能把过去只会危害人类的火山岩浆变成为有用的能源,这是人类用智慧征服大自然的又一个奇迹。尽管岩浆发电还处于初始阶段,但它仍然被看作是未来能源动力中的一颗新星。

🔲 知识链接

岩浆形成的地质条件

岩浆活动发源于大陆30千米、洋壳6千米以下,即软流圈。但软流圈的物质并不是岩浆。软流圈在巨大的岩石静压力下呈半塑性状态同,只有当压力降低,如地壳裂开时才转变为岩浆并朝着压力低的方向移动,如大洋裂谷。此外,当温度升高时也能形成岩浆,并把上覆岩层熔透而形成火山喷发。所以岩浆作用的发源地的地质条件是:1.地壳(包括洋壳)开裂处,即洋中脊大裂谷,这里因压力降低导致火山喷发。2.板块俯冲消亡带,即海沟岛弧系。这里因板块剧烈摩擦,压力、温度升高,导致火山爆发,这种火山能量极高。